重庆市农业机械化工作应知应会

每日一问

（上册）

重庆市农业委员会　编

中国农业大学出版社
·北　京·

图书在版编目(CIP)数据

重庆市农业机械化工作应知应会·每日一问/重庆市农业委员会编. —北京：中国农业大学出版社，2014.9

ISBN 978-7-5655-1063-2

Ⅰ. ①重…　Ⅱ. ①重…　Ⅲ. ①农业机械化-问题解答　Ⅳ. ①S23-44

中国版本图书馆CIP数据核字（2014）第205593号

书　　名　重庆市农业机械化工作应知应会·每日一问
作　　者　重庆市农业委员会　编

策划编辑　刘振营　冉　佳　张秀环　　**责任编辑**　张秀环
封面设计　魏　鹏　　**责任校对**　冉　佳　张秀环
出版发行　中国农业大学出版社
社　　址　北京市海淀区圆明园西路2号　　**邮政编码**　100193
电　　话　发行部　010-62818525,8625　　读者服务部　010-62732336
　　　　　　编辑部　010-62732617,2618　　出　版　部　010-62733440
网　　址　http://www.cau.edu.cn/caup　　**e-mail**　cbsszs@cau.edu.cn
经　　销　新华书店
印　　刷　涿州市星河印刷有限公司
版　　次　2014年9月第1版　　2014年9月第1次印刷
规　　格　880×1230　32开本　18.5印张　547千字
总 定 价　72.00元
本册定价　36.00元

编辑委员会

审定委员会

主　　任　秦大春

副 主 任　邓光友　赵培江　杨昌华

委　　员　（按姓氏笔画排序）

王国平　文泽富　兰显发

朱　毅　刘　洪　李　刚

李　军　李廷友　杨文之

何　忠　陈　建　陈　剑

陈小刚　陈正明　陈世富

欧阳柬　罗守军　金　延

周　兵　周正华　周胜礼

庞有伦　郑茗中　秦国伦

徐　嘉

序

党的十八大作出了在推动我国工业化、城镇化、信息化发展中同步推进农业现代化的战略部署。相对于工业化、城镇化、信息化而言，农业现代化的任务更重、困难更多、路子更长。农业机械是农业现代化的重要物质基础，是农业现代化的显著标志。农业机械化在发展现代农业中的技术集成、节本增效和推动适度规模经营的作用日益显现。这些年，重庆农机化事业在市委市政府的正确领导下，始终坚持集中力量、五指成拳，抓试点、推示范、壮主体、突特色、添活力、增后劲的工作方针，积极总结、探索切合重庆丘陵山地特点的农机化新机制新模式和生产技术路径，在深化全面全程机械化与分类分段突破，从而实现更加广泛、更加充分机械化并举方面，年年有新成效，全市农机化事业取得了长足进展，总体上迈过了发展的初始阶段，进入了可以加快发展的新阶段。展望未来，把握国情、市情、农情，当前及今后一个时期仍将是农机化如火如荼、快速推进的黄金发展期、拐点增长期，农机人身上的担子将更沉甸、任务将更艰巨、工作将更繁重、责任将更重大。

加强学习，兼收并蓄，学用相长，是确保各方面工作有所发展、有所创造、有所前进的重要手段，为使广大农机干部职工更好地适应农机化快速发展的新形势新要求，学习和掌握农机化基础理论知识、基本业务知识，增强岗位技能，提高工作本领，在中国农业机械化研究院的大力支持下，我们组织有关专家、学者和实际工作者，通过收集、整理、撰写等多种形式，编写了《重庆市农业机械化工作应知应会·每日一问》一书，旨在为广大一线农机干部在岗学习、谋划思考、推进工作提供载体、提供方便。此举既是基层农机干部的要求，也是市里有的放矢的安排，以期作为推动全市农机化事业快速发展的基础性持久性工作。

本书具有重庆农机化发展地方特色，所有题目密切结合农时农事、结合岗位基本知识与基础技能，以每日一问的方式，循序渐进、点滴积累，促进农机干部实现汇溪成河、聚沙成塔的知识储备。本书既是一本科普书、也是一本工具书，它采用专用笔记本印制，附有农机化工作相关的各区县和全国的各种统计数据，以备工作中查阅，同时增设有“名言警句”、“开心一刻”等栏目，增强了趣味性、拓展了知识面，体现了编者的精心策划和辛勤工作。

本书的编写，既是丰富和完善农机系统教育培训方式的一种有益尝试，也是引导农机干部把兴趣、心思、精力放在学习上、放在干事创业上的一项重要举措。参加本书编撰的许多同志是长期在农机化战线上工作的专家和一线工作者，具有比较丰富的理论知识和实践经验。我们相信，《重庆市农业机械化工作应知应会·每日一问》的编撰发行，必将为培养学习型农机干部、打造学习型农机团队，推进农机化科学发展起到积极的作用。

由于成书时间仓促，且为初探尝试，书中难免有疏漏和不足，加之篇幅有限，不可能囊括所有实际工作中出现的问题和需求，读者朋友可以学习借鉴，也可以商榷讨论，提出宝贵的改进意见。本书的编撰得到了有关方面的大力支持与帮助，在此一并表示衷心感谢！

秦大春

2014 年 6 月

目录 Contents

重庆市农业机械化工作应知应会 每日一问

上册

2014年10月

2014年11月

2015 年 3 月

下 册

2015 年 4 月

2015 年 5 月

2015 年 6 月

2015 年 7 月

2015 年 8 月

重庆市
农业机械化工作应知应会

每日一问

（上册）

问：什么是农业机械和农业机械化？

答：

农业机械，是指用于农业生产及其产品初加工等相关农事活动的机械、设备。“农业生产”是指从事种植业、林业、畜牧业和渔业等产业的生产；“产品初加工”主要是指产品的产后处理，即对农产品进行诸如清理、分级、分离、混合、保鲜和干燥等不改变产品物理性状的、直接的简单加工处理过程。

农业机械化，是指运用先进适用的农业机械装备农业，改善农业生产经营条件，不断提高农业的生产技术水平和经济效益、生态效益的过程。农业机械化贯穿农业产前、产中和产后全过程，目的是要用现代工程技术装备农业，实现农业的优质、高产和高效，保证农业的可持续发展。

客人：“老板你这羊肉串新鲜吗？”老板：“这你放心，昨晚刚杀的猪！”

每日记事

名言警句

爱人是路，朋友是树，人生有一条路，一条路上有许多树，有钱的时候别迷路，缺钱的时候靠靠树，幸福的时候莫忘路，休息的时候浇浇树。

问：什么是农业现代化？

答：

狭义的农业现代化是指从传统农业向现代农业转化的过程和手段。是用现代工业装备农业、用现代科学技术改造农业、用现代管理方法管理农业、用现代科学文化知识提高农民素质的过程；是建立高产、优质和高效农业生产体系，把农业建成具有显著经济效益、社会效益和生态效益的可持续发展的农业的过程；也是大幅度地提高农业综合生产能力、不断地增加农产品有效供给和农民收入的过程。

广义的农业现代化不仅指农业生产过程、农业技术和农业经济现代化，而且包括与农业相关的农业生产者观念与文化、协调发展的工农业关系、农业制度与农村社会等方面的现代化，也就是说，广义的农业现代化除了狭义农业现代化的内容之外，还应涉及许多农村现代化的内容。

白色的马叫白马，黑色的马叫黑马，黑白相间的马叫斑马，那么黑色白色红色相间的马叫什么马？答案：害羞的斑马。

每日记事

名言警句

傲不可长，欲不可纵，乐不可极，志不可满。

——魏徵

问：为什么说农业机械化是农业现代化的物质技术基础？

答：

农业机械是农业生产的重要工具，是农业生产力的重要要素，是先进生产力的代表。发展农业机械化实质上是一场生产手段的技术革命。农业机械装备突破了人畜力所不能承担的农业生产规模的限制，机械作业实现了人工所不能达到的现代科学农艺要求，改善了农业生产条件，提高了农业生产力水平，为农场和种植专业户规模扩大，农产品品质提高，形成专业化、商品化生产提供了可能。已经实现了农业现代化的国家，农业固定资产的大部分是农业机械，农业产前、产中和产后的作业都是靠机械设备来完成。

朋友去买衣服，老板开价 598，他跟人说就带了 70，怎么办？老板说：“那好吧，就 70 卖给你。”然后他拿出一张 100 的给老板找。这时老板豪气地说：“一百找不开啊，要不你再拿一件。”

每日记事

名言警句

把事情变复杂很简单，把事情变简单很复杂。

问：为什么说农业机械化是农业现代化的重要内容和重要标志？

答：

农业机械化是农业现代化的重要内容。从一定意义上说，农业现代化是农村工业化过程，其中包含农业机械化过程。20 世纪初，内燃机、拖拉机在农业上广泛应用，开始了人类农业现代化进程。在 20 世纪 40 年代至 60 年代大多数西方发达国家实现了农业机械化，在 70 年代后先后实现了农业现代化。也就是说发达国家一般是在实现农业机械化的基础上实现农业现代化的，基本实现农业机械化比基本实现农业现代化的时间要早 20 ～ 30 年。

农业机械化是农业现代化的重要标志。衡量农业现代化水平的主要指标是农业劳动生产率，而农业机械化是提高农业劳动生产率的主要手段。基于 100 年来农业机械在农业生产中广泛应用所引发的农业生产方式的根本变革，大幅度地提高了农业劳动生产率，有力地保障了世界农业发展和食物安全，这既反映了农业机械化在人类社会发展中的巨大作用，也反映了农业机械化在农业发展和农业现代化进程中的重要地位。

吃完饭，我对儿子说："今天就别玩了，写会儿作业吧。"他对我说："你不是说饭后不能做剧烈运动吗。"

每日记事

名言警句

把一切平凡的事做好即不平凡，把一切简单的事做好即不简单。

问：当前，重庆市主推的农机化技术有哪些？

答：

（1）水稻机械化育插秧技术。

（2）新型水田耕整地机械化技术。

（3）稻谷和油菜籽烘干机械化技术。

（4）“稻－薯”连作机械化轻简生产技术。

（5）“稻－油”连作机械化轻简生产技术。

请问唐朝时有谁戴眼镜？答案：李白（床前明月光，疑！是地上霜）。

每日记事

名言警句

博学而笃志，切问而近思。

问：马铃薯机械播种作业的技术要求有哪些？

答：

（1）深耕保墒。在每年秋耕时要注意深耕，加强土壤蓄水保墒能力，秋季整地作业一次完成，这样可减少土壤水分损失，有利于播后幼芽早发和苗期生长。

（2）采用复试作业。用机械一次性完成开沟、播种和施肥等作业，避免或降低因天旱、风大而造成的土壤水分蒸发及人工施肥造成的肥效损失，保证幼苗出土时有足够的水分和养分。

（3）适时播种。适时是指土壤 10 厘米深处地温达到 7 ～ 8℃时进行播种。因为过早或过晚，种薯不能正常发芽，造成严重的缺苗断垄现象，影响产量，因此，必须依靠高效率的机械化播种技术才能适时播种，保证全苗和实现高产。

（4）播种深度。马铃薯种植大多采用垄作方式，垄作能提高地温、促进早熟、抗涝、便于中耕和灌溉，更有利于机械化作业，马铃薯垄作时，播深（包括垄高）一般为 12 ～ 18 厘米，气温潮湿地区不超过 12 厘米，气候干燥、温度较高的地区为 18 厘米左右。另外，对采用机械化收获的地区宜浅播。

（5）质量要求。播种深浅一致，不重播，不漏播，土壤细碎、覆盖均匀严实，起垄宽度适中，行距一致且直，平作地表平整。播种作业质量满足马铃薯的生长要求。

哪位历史人物最欠扁？答案：苏武。原因：苏武牧羊北海边（被海扁）。

每日记事

名言警句

博学之，审问之，慎思之，明辨之，笃行之。

——《礼记·中庸》

问：马铃薯机械播种的技术要点有哪些?

答：

（1）播前根据马铃薯的品种调节链轮，使其达到播种要求。

（2）调节排肥器外槽轮的长度，控制好排肥量。

（3）作业时经常观察种杯持种情况，若有漏挂种，应及时调节。

（4）犁用马铃薯播种机，在播种前要装配好犁体，具体要求是：①两个犁体的犁铧刃口高度差，相差不得大于10毫米，各犁体铧尖不得上翘；②两犁体铧尖的横向距离为（200±10）毫米，前后距离为（560±15）毫米；③按马铃薯所需的播深和施肥深度调节好犁的耕深；④要保证机架的纵横向平衡，以保证播种质量。

某晚，一裸男叫了一辆出租车，女司机目不转睛地盯着看他，裸男大怒，吼道：“没见过裸男呀！”女司机也大怒“我看你从哪儿掏钱！”

每日记事

名言警句

不别亲疏，不殊贵贱，一断于法。

——《史记·太史公自序》

问：马铃薯播种机如何选型？

答：

马铃薯播种机按作业方式分为垄作、平作及垄作和平作可调 3 种方式；按开沟器的型式分为靴式开沟器和铧式开沟器两种；按自动化程度分为全自动播种机和半自动播种机两种。目前，现有各种型号的马铃薯播种机，其排种系统主要有勺链式和幅板穴碗式两种。

七岁的妹妹把六岁的弟弟打哭了，我问妹妹干嘛打弟弟。妹妹说：我刚才骑车他要我带他，我不带，他就哭着要去告诉奶奶我打他。所以反正他都要说，不打白不打。免得被冤枉……

每日记事

名言警句

不经巨大的困难，不会有伟大的事业。

问：农产品加工的方法有哪些？主要原理是什么？

答：

农产品加工的方法有机械（物理）加工、化学加工和生物加工等方法。

机械（物理）加工就是对农产品采取粉碎、筛理、搅拌、加热、浓缩、干燥、压榨、过滤、蒸馏和浸出等进行加工的方法。如制米、磨粉等就是以物理加工方法为主的加工类型。

化学加工就是对农产品主要采取水解、中和、沉淀、凝聚和解析等进行加工的方法。如淀粉糖生产就是化学方法为主的加工类型。

生物加工就是对农产品主要采取发酵、微生物的培养利用等进行加工的方法。

我和一个哥们抱怨：“这微信附近的人，看照片都像美女一样，其实本人基本很糟糕！”哥们淡淡一笑说：“你真天真，都说了是微信，要是都漂亮，那就应该叫全信了！”

每日记事

名言警句

不论人生多不幸，聪明的人总会从中获得一点利益；
不论人生多幸福，愚蠢的人总觉得无限悲哀。
——拉·罗休弗克

问：常用的茶叶初加工机械有哪些?

答：

（1）常用杀青机：金属传热杀青机（滚筒杀青机、锅式杀青机、槽式杀青机和滚槽杀青机）；蒸汽传热杀青机（蒸青机）；空气传热杀青机；蒸汽与空气混合气体传热杀青机；对流传热杀青机；辐射传热杀青机。

（2）茶叶揉捻机（常用的有 6CR 系列型号）。

（3）茶叶风选机。

（4）茶叶炒（烘）干机（常用的有 6CH 系列型号）：百页式烘干机、自动链板式烘干机、流化床式烘干机和网带式烘干机。

某男生宿舍卧谈会持续至凌晨 3 点，突然想讨论一个问题：“碰到一个漂亮姑娘，首先该说什么？”某君从梦中惊醒，曰：“甭说了，咱们睡吧！”

每日记事

名言警句

不去读书就没有真正的教养，同时也不可能有什么鉴别力。

——赫尔岑

问：常用中药材初加工机械有哪些？

答：

药材分级机、药材清洗机、药材烘干机、药材切片机、药材粉碎机和筛药机等。

抢匪：“快把保险箱密码说出来！不说杀了你！”女职员：“杀了我也不说！你糟蹋了我我也不说！”抢匪上下打量她后：“你想得美！”

每日记事

名言警句

不是由于决心才正确，应该由于习惯而正确。不仅能做正确的事，而且养成不是正确的事就做不了的习惯。

——华兹华斯

问：果蔬去皮机的工作原理是什么？适用于哪些果蔬？

答：

去皮机利用机械原理，由 PLC 控制，能完成削皮、捅核（切端）、切瓣和护色多个动作，削刀能自动紧贴果蔬外形变化，削皮厚度可调，因而去皮果损少，果肉利用率高。在触摸屏上设定参数及动作，把果子放进料斗后自动削皮、切端，同时护色槽内的液体循环喷淋被削果子，防止氧化变黑。条形果皮、圆形端皮、去皮果肉分别从 3 个出口出来。每小时大概可以削果蔬 1500 个左右。

去皮机可以适用于有核果蔬，包括苹果、梨子等。去皮机是罐头、果脯、果干、果粉、果酱、果糕和果汁加工厂的必要设备。与传统人工削皮相比，具有削皮效率高、削皮厚薄均匀、果损少、质量稳定和安全卫生的优点。

男生一般是不许上女生楼的，到晚 8 点前必须离开，否则到 8 点时，楼长阿姨就大声喊：“姑娘们，送客了。”

每日记事

名言警句

不是真正的朋友，再重的礼品也敲不开心扉。

——培根

问：什么是农业机械化水平？它是如何计算的？

答：

农业机械化水平是指在农业生产中，使用机器设备作业的数量占总作业量的百分数，一般按作业项目分别计算。目前，常用耕、种、收机械化水平衡量农田机械化作业水平，因此，也称农作物耕种收综合机械化水平，简称农业综合机械化水平，或农业综合机械化率。

目前，农机化综合水平是按照机耕、机播和机收水平分别占 0.4、0.3 和 0.3 的权重来综合计算的。具体计算方法如下：

机耕率 =〔机耕面积 ÷（农作物总播种面积 - 免耕面积）〕×100%

机播率 =（机播面积 ÷ 农作物总播种面积）×100%

机收率 =（机收面积 ÷ 农作物总播种面积）×100%

农机化综合水平 =〔机耕面积 ÷（农作物总播种面积 - 免耕面积）〕×40% +〔机播面积 ÷ 农作物总播种面积〕×30% +〔机收面积 ÷ 农作物播种面积〕×30%。

陪女友去商场买衣服，女友喜欢上了一件外套，翻开标签一看要 5888 元。女友也特别懂事，知道我赚钱不容易，转身对我说：“既然这么贵，我就不买了。”

每日记事

名言警句

不要慨叹生活的痛苦！慨叹是弱者。

——高尔基

问：按照农机化综合水平高低，农机化发展划分为哪几个阶段？它是如何划分的？

答：

国内对农业机械化水平的评价主要采用农业部颁布的农业行业标准《NY/T 1408.1—2007 农业机械化水平评价》的评价指标体系。按照综合机械化发展水平高低，农业机械化发展划分初级、中级和高级 3 个阶段。

综合机械化水平低于 40%，第一产业从业人员占全社会从业人员比例大于 40% 的发展阶段，为农业机械化初级阶段；

综合机械化水平在 40% ～ 70%，第一产业从业人员占全社会从业人员比例在 20% ～ 40% 的发展阶段，为农业机械化中级阶段；

综合机械化水平高于 70%，第一产业从业人员比例低于 20% 的发展阶段，为农业机械化高级阶段。

课堂上，老师："最后一排戴眼镜的男生起来回答问题。"只见该同学在我们崇拜的目光中默默地把眼镜摘了下来，稳坐不动。

每日记事

名言警句

不要为回忆把自己弄成衰弱的东西。一切空洞美好的回忆都是有毒的。

——沈从文

问：截至 2013 年底，重庆市农业生产综合机械化水平是多少？与全国平均水平相比，重庆市处于什么阶段？

答：

截至 2013 年底，重庆市农业生产综合机械化水平为 36.1%，而全国平均水平达到 59% 以上。重庆市农机化水平仍处于初级发展阶段，全市各地发展很不平衡，总体来说，渝西高于渝东南、渝东北，梁平、大足、开县、潼南、永川、秀山和璧山等区县的发展相对较快。

女主人天然呆一枚，一次问男主人："如果我没有杀毒程序，可以用压缩程序把病毒压死吗？"男主人一动不动地看了女主人 N 秒后："最好是再把电脑关一阵子，把它饿死。"

每日记事

名言警句

不应当急于求成，应当去熟悉自己的研究对象，锲而不舍，时间会成全一切。凡事开始最难，然而更难的是何以善终。

——莎士比亚

问：什么是农业机械总动力？

答：

农业机械总动力指用于种植业、畜牧业、渔业、农产品加工、农用运输和农田基本建设等活动的各种动力机械及设备的额定功率之和。

一个地区农业机械总动力的大小，可以反映该地区单位耕地拥有农机动力情况或每个农业劳动力拥有农机动力的情况，因此，也能一定程度上反映该地区农业机械化的发展水平。

某天在网上聊天，一很久没联系的同学跟我说话，他说才换了新单位。我问他他待遇怎么样，他说：“工资用都用不完。”当时我就惊讶他工资得有多少啊；他接着说：“工资卡上总有几块零钱每次都取不出来……”

每日记事

名言警句

操千曲而后晓声，观千剑而后识器。

问：农业机械化生产“三夏”、“三秋”工作指什么？

答：

“三夏”和“三秋”，分别代表一年中两个重要的农事活动。这是江南农民根据时令和收、种、管 3 项农事所定的名称。

“三夏”农机工作通常指的是利用农业机械进行夏收、夏种、夏管等农业生产。重庆市夏收农机作业主要是机收油菜、小麦和水稻，夏种农机作业主要是水稻生产机械化育插秧，夏管农机作业则主要是水稻病虫害机械化防治。

“三秋”农机工作则是指利用农业机械进行秋收、秋耕、秋种等农业生产。重庆市“三秋”农机作业主要是部分高海拔地区的水稻秋收、田土翻耕和油菜、小麦、马铃薯的机械化播种作业。

一个心理学教授对会议主持人说：“如果你想让到会的妇女们一下子安静下来，只要向她们提出一个问题：‘女士们，你们当中哪个年纪最大？’会场里马上便会变得鸦雀无声。”

每日记事

名言警句

草木秋死，松柏独在。

——刘向

问：国家为促进农机化发展在哪些方面给予重点支持？

答：

（1）支持农民和农业生产经营组织自主选择农业机械。

（2）支持农业机械科研开发，支持农业机械化科研、教学与生产、推广相结合。

（3）支持生产者开发先进适用的农业机械新产品。

（4）支持引进农业机械新产品、新技术，鼓励引进外资投资农业机械化项目。

（5）支持推广先进适用的农业机械。

（6）支持农户和农业生产经营组织合作使用农业机械，支持区域化、标准化种植。

（7）支持农机拥有者跨区域作业经营。

儿子战战兢兢地回到家：“爸，今天考试只得了 60 分”。爸爸很生气：“下次再考低了，就别叫我爸！”第二天儿子回来了：“对不起，哥！”

每日记事

名言警句

常修从政之德，常怀律己之心。

问：2014 年重庆市补贴机具的范围和种类有哪些?

答：

结合重庆市本地实际情况，突出重点，在 2013 年 12 个大类 74 个品目中，对农业生产需要较小的手扶拖拉机、螺旋喂料机和农业用北斗终端等 16 个品目 2014 年不列入补贴范围，同时选择农业生产急需、农民需求量大的潜水泵、离心泵和铡草机等 14 个品目作为重庆市新增补贴范围。2014 年有耕整地机械、种植施肥机械、田间管理机械、收获机械、收获后处理机械、农产品加工机械、畜牧水产养殖机械、动力机械、排灌机械、农田基本建设和其他机械等 11 个大类 73 个品目的农机可以得到购机补贴。

一美女去菜市场买猪肉，老板说猪腿肉不够了，于是从猪脸上割了块肉补上，美女急得直跺脚，说：“我不要脸，我不要脸。”

每日记事

名言警句

成功的人是跟别人学习经验，失败的人只跟自己学习经验。

问：常用播种机有哪些种类？

答：

按播种方式分为撒播机、条播机和点播机等；按驱动动力分为人力播种机、蓄力播种机和机引播种机等。

跟美女店员砍价半天，未果，还是买下了。临走前，他不甘心地问到：“美女，买了东西送点什么呗？”美女一愣，立马笑着说：”好的，我送您出去吧！”

每日记事

名言警句

成功 = 艰苦劳动 + 正确的方法 + 少说空话。

——爱因斯坦

问：谷物条播机是由哪几部分组成的？其工作原理是什么？

答：

条播机一般由机架、行走装置、种子箱、排种器、开沟器、覆土器、镇压器、传动机构及开沟深浅调节机构等组成。条播机能够一次完成开沟、均匀条形布种及覆土工序。播种机工作时，开沟器开出种沟，种子箱内的种子被排种器排出，通过输种管落到种沟内，然后覆土器覆土。干旱地区要求播种的同时镇压，有些播种机带有镇压轮，用以将种沟内的松土适当压密，使种子与土壤紧密接触以利于发芽。出苗后作物成平行等距的条行。

老师对学生说："你的语文太差，我让你把这些字写10遍，你为什么只写了8遍？"学生答："因为我的数学也不好。"

每日记事

名言警句

成功有个副作用，就是以为过去的做法同样适应于将来。

问：免耕播种机与普通播种机相比具有什么样的特点？

答：

免耕播种机是保护性耕作机械化技术实施过程中一种重要的机具，是在前茬作物收获后的茬地上直接开出种沟进行播种，故也称直接播种机或硬茬播种机。免耕播种机能够一次性完成灭茬、开沟、施肥、播种、覆土和镇压等多道工序，能够减少机械对土壤的碾压破坏。免耕播种机具有较强的切断覆盖物和破土开沟的能力，因为开沟器前面多加设了一个破茬圆盘刀，或采用驱动式窄形旋耕刀，其他结构则与普通播种机无异。

3点多我上了一辆出租车，进了车后司机问我递纸，我想也不想地从腰包里拿出一张纸递给他，他满脸通红地对我说：“我要地址，不是递纸。”

每日记事

名言警句

成功者绝不放弃，放弃者绝不会成功。

问：免耕播种机有哪些常见故障？应该如何排除？

答：

（1）播种深浅不一致的原因及排除方法。①机架不平，使开沟器入土深浅不一致，需调整悬挂，使机器保持水平；②镇压轮左右不平，使开沟器深浅不一致，需调整两端的调节螺杆，使镇压轮左右水平。

（2）露播的原因及排除方法。①拖拉机轮胎沟未填平，可调整合墒器的深浅及前倾角，将地整平；②镇压轮碎土效果差，可通过调整镇压轮左右水平解决。

（3）各行播量不均。可移动播种轮两端的卡子，改变播种轮的工作长度，以达到各行播种轮的一致。

人生的长河里面，最让人怀疑自己其实并不存在的时刻，莫过于将手在感应式龙头下面猛伸，却依然没有水流出来的那一刹那。

每日记事

名言警句

成熟不是心变老，而是眼泪在眼里打转却还保持微笑。

2014/11/7 农历闰九月十五 星期五

问：常见播种机中排种器的类型有哪几种？影响排种器工作性能的因素有哪些？

答：

条播排种器有外槽轮式、内槽轮式、磨纹盘式、锥面型孔盘式、摆杆式、离心式、匙式及刷式等类型；点（穴）播排种器有水平圆盘式、窝眼轮式、勺盘式、孔带式和气力式等类型。

（1）外槽轮式条播排种器排种均匀性的影响因素有槽轮直径、转速、工作长度及凹槽断面的形状和槽数等。

（2）孔式点（穴）播种器充种能力的影响因素有型孔的形状和尺寸；气吸式点（穴）排种器充种能力的影响因素有吸附能力、清种方式、排种器的同步传动性、投种高度与投种速度等。

猴子拣到一个卡，它想看清楚是啥卡，就爬到树枝上看，这时一个雷击中了它。猴子哭着说：“原来是 IP 卡啊！”

每日记事

名言警句

仇恨终将泯灭，友谊万古长青。

——西塞罗

问：什么是设施农业?

答：

设施农业是采用工程技术手段，改变动植物的生长条件。设施农业涵盖设施种植、设施养殖等。设施农业是一个新的生产技术体系，它的核心设施就是环境安全型温室、环境安全型畜禽舍。关键技术是能够最大限度地利用太阳能的覆盖材料，做到寒冷季节高透明、高保温；夏季能够降温防苔；能够将太阳光中的无用光波转变为有效的光合作用需要的光波；良好的防尘抗污功能等。

设施农业从种类上分，主要包括设施种植、设施养殖。设施养殖主要有水产养殖和畜禽养殖两大类。设施种植按结构，一般分为智能温室、连栋温室和塑料大棚 3 类。

阿强：“今天数学差 6 分就及格了，你咧？”阿明：“我也差 6 分就及格了。”阿强：“你也 54 分？”阿明：“不……我 0 分。”

每日记事

名言警句

出路出路，走出去了，总是会有路的。困难苦难，困在家里就是难。

问：现代温室设施中主要使用哪些装备？

答：

现代温室设施内使用的主要装备包括物理植保技术装备或其他喷雾植保机械、物理增产技术装备、耕耙与灌溉类机械装置、湿帘降温系统等。其中，物理植保技术装备包括温室电除雾防病促生系统、土壤连作障碍电处理机、臭氧病虫害防治、色光双诱电杀虫灯和防虫网；物理增产技术装备包括利用空间电场生物效应制造的空间电场光合作用促进系统、烟气净化二氧化碳气肥机、补光灯和滴灌系统等；耕耙机械装置包括微耕机、微滴灌装置；其他喷雾植保机械包括机动和手动施药器具。寒冷地区的温室设施外使用的机械装备有草苫（保温被）卷帘机、卷膜器等。

那天他跑出去买烟，忽然发现鞋带松了，弯下身去系，营业员扔出包烟，对他说“呦，这年头还有把钱塞鞋里的！”

每日记事

问：什么叫农业物联网?

答：

农业物联网，就是将物联网技术运用于农业生产。物联网概念于 1999 年提出，是将所有物品通过各种信息传感设备，如射频识别装置基于光声电磁的传感器、3S 技术、激光扫描器等各类装置与互联网结合起来，实现数据采集、融合、处理、并通过操作终端，实现智能化识别和管理。

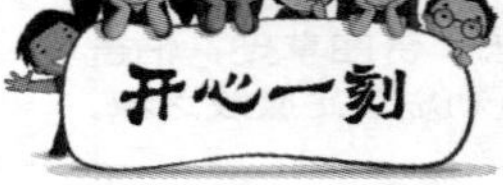

一商人乘出租车外出，汽车在盘山公路突然打滑，司机吓得大叫：“刹车不灵，我该怎么办？”商人冲他大喊：“快关上计价器，你这个笨蛋！！”

每日记事

名言警句

处处是创造之地，天天是创造之时，人人是创造之人。

——陶行之

问：国家促进农机化发展的基本原则、区域布局和重点任务是什么？

答：

（1）基本原则：因地制宜，分类指导；重点突破，科学发展；鼓励创新，完善机制；市场主导，政府扶持。

（2）区域布局：全国划分为6大重点发展区域，即东北地区、华北平原地区、长江中下游地区、南方低缓丘陵区、西南丘陵山区、黄土高原及西北地区。其中，在西南丘陵山区要强力推进丘陵山区主要粮油作物和特色农产品生产机械化，重点推广轻便、耐用、低耗的中小型耕种收机械和植保机械。大力发展草食畜牧业生产机械化，推广小型秸秆收贮加工机械。加大灌排设备更新改造力度。加快藏区特色作物生产机械化进程，努力改善农牧民生产条件。

对于地形地貌有交叉的地区，要因地制宜地加快提升水稻、玉米、马铃薯、油菜和甘蔗等主要农作物关键环节机械化水平，立足当地实际，发展特色经济作物生产、畜禽水产养殖等机械化。

（3）重点任务：全面提高农机装备和作业水平；努力推动科技创新及技术推广；不断壮大农业机械化人才队伍；加快培育社会化服务组织；深入推进安全发展；大力促进农机工业和流通业发展。

一男一女结婚，两人都很有财产的自我保护意识。结婚前，男方在婚前协议上写着：所有的变形金刚都是我的。

每日记事

名言警句

创造机会的人是勇者，等待机会的人是愚者。

问：重庆市农机化发展思路是什么？

答：

发展思路是以科学发展观为指导，以创新创造为动力，以特色差异为抓手，着力于促进农业发展方式的转变，着力于农业综合生产能力的提高，着力于农机化水平的进步。一手抓增量，一手抓提质，在巩固既有成果的基础上，推动农机化从传统领域向新的领域拓展、从短产业链条向长产业链条延伸；从低效、分段作业向高效、联合作业提档；从单一、分散的低级农机组织形态向专业化、社会化、规模化的高级农机组织形态转变；从单纯依靠购机补贴刺激农机化率提高向补贴与运用综合措施并举的方向转变。

松下为什么没索尼强？ 答案：Panasonic（怕了索尼哥）

每日记事

名言警句

大道之行也，天下为公。——《礼记·礼运》：在圣人治理的时代，天下是公有的。

问：根据重庆市农业机械化发展规划，到 2015 年和 2020 年的目标是什么？

答：

到 2015 年，全市农业机械总动力达到 1540 万千瓦以上，主要农作物耕种收综合机械化水平达到 50% 以上。其中水稻种植、收获环节机械化水平分别超过 25% 和 50%。基本形成具有丘陵山区特色的农业机械化科技创新体系。

到 2020 年，全市农业机械总动力达到 2000 万千瓦以上，主要农作物耕种收综合机械化水平达到 70% 以上，建成全国最大的小型农业机械制造基地。

在哪里藏着你的鸽子？答案：屋顶（在屋顶唱着你的歌）

每日记事

名言警句

淡泊名利，清风拂袖身自正；曲直分明，正气在胸威自生。

问：什么是农机合作社？

答：

农民合作社是在农村家庭承包经营基础上，同类农产品的生产经营者或者同类农业生产经营服务的提供者、利用者，自愿联合、民主管理的互助性经济组织。

农机合作社是农民专业合作社的重要组成部分。农机合作社以从事农业生产和各类农机作业服务的农民为主体，其主要业务内容是：组织机械化生产、收割和农产品初加工，提供信息、技术、维修、培训和咨询等服务。

哪个门派的教徒不会撒谎啊？答案：全真教

每日记事

名言警句

当大部分人都在关注你飞得高不高时，只有少部分人关心你飞得累不累，这就是友情。

问：农机合作社有什么组织特征?

答：

（1）成员构成。以从事农业生产和各类农机作业服务的农民为主体，吸收从事与合作社业务直接有关的企业、事业单位或社会团体为团体成员。成员中，农民身份成员至少占成员总数的 80%。

（2）依法成立。依照《农民专业合作社法》、《农民专业合作社登记管理条例》设立和登记，取得工商营业执照，具有法人资格。

（3）服务对象。以其成员为主要服务对象，以服务成员、谋求全体成员的共同利益为宗旨。

（4）服务内容。组织开展生产劳动合作和农机具规模作业、配套作业；开展技术培训，为成员提供技术指导和服务；兴办经济实体，推进农业产业化经营；采购和供应成员所需的生产资料和生活资料；加强农机安全生产，做好农机维修保养等工作。

（5）自愿联合。成员入社自愿，退社自由，地位平等，民主管理。

（6）民主管理。不论其投入机械数量、土地规模或出资额多少，人人地位平等，在成员大会上各享有一票基本表决权。

（7）经济互助。实行自主经营，自负盈亏，利益共享，风险共担。成员之间相互帮助、合作、提供作业信息等。合作社盈余主要按出资比例、作业数量或交易量（额）比例返还。

我们说没尾巴的熊叫无尾熊，那我们说没……的熊叫什么熊？答案：母熊

每日记事

名言警句

当你快乐时，你要想这快乐不是永恒的；当你痛苦时，你要想这痛苦也不是永恒的。

问：农机合作社在农业生产中有什么作用？

答：

（1）农机合作社是完善农业生产经营体制的重要内容。农机合作社具备比较完善的服务功能，可以解决一家一户难以解决的许多生产经营问题，提高集约化水平和生产组织化程度。促进农村土地流转，有效地解决土地撂荒问题，支持农村劳动力转移，进一步稳定和完善农村家庭承包制度。

（2）农机合作社是增强农业综合生产能力的有效举措。农机合作社可以促进土地、劳动力、资金、装备、技术、信息和人才等生产要素的有效整合，推动农机农艺结合，加快农业科技应用，有效提高土地产出率、劳动生产率和资源利用率，增强农业综合生产能力。

（3）农机合作社是推进农业科技进步的有生力量。农机合作社相对于农机户而言，具有比较强的经济实力、技术条件和管理能力，能够按照农业发展要求，及时调整农机装备结构，开展农机化新技术、新机具的推广应用，具有较强的示范带动作用，降低农业技术推广成本，加快推广应用步伐。

（4）农机合作社是提升农机化水平的必然选择。农机合作社能将农机经营者有效组织起来，开展农机社会化服务，加强农机拥有者和使用者的紧密联系，扩大了农机作业服务规模，提高了机械利用率和农机经营效益，有效地解决了农业机械大规模作业与亿万农户小规模生产的矛盾。

（5）农机合作社是增加农民收益的有效途径。农机合作社可以合理配置资源，拓宽作业范围，提高机具利用率，经济效益明显增加。

为什么森林里总派狮子去联系事情？答案：失去联络

每日记事

名言警句

当你知道迷惑时，并不可怜；当你不知道迷惑时，才是最可怜的。

问：农机合作社有哪些主要类型？

答：

（1）农机大户牵头组建型：由在农机作业、市场经营、技术维修方面经验丰富的农机专业大户发起，联合其他农机户组建的农机合作社。

（2）能人领办型：主要由农村个体工商户或懂经营、善管理、先富起来的能人、农机跨区作业经纪人，投入资金或动员组织农机户组成的农机合作社。

（3）村集体经济组织主导型：由村社集体经济组织筹措资金，或由村干部牵头倡导本村农机户组建农机合作社，开展区域间作业服务。

（4）企业创办型：由企业利用资金等，联合吸收农机户、农户参加而组建的农机合作社。

（5）农机服务组织牵头型：由农机服务组织利用其场地、设备、技术和管理优势，联合农民组建的农机合作社。

一个包子和土豆打架，结果土豆把包子打死了。{猜一食物}答案：豆沙包

每日记事

名言警句

当一个人用工作去迎接光明，光明很快就会来照耀着他。

——冯学峰

问：办好农机合作社应遵循哪些基本原则？

答：

（1）坚持农民自主原则。按照“民办、民管、民受益原则，以农民、机手为主体，以服务社员为宗旨，成员地位平等，实行民主管理，最大程度地实现和维护社员利益，不断增强农机合作社的凝聚力。

（2）坚持因地制宜原则。从本地实际出发，因势利导，鼓励合作形式多样化，投资主体多元化，服务方式市场化，增强发展活力。

（3）坚持政府扶持原则。认真落实财政、税收、金融、科技和人才等方面的政策措施，调动农民的积极性。

（4）坚持示范引导原则。以试点示范引路，典型带动，以点带面。

（5）坚持规范发展原则。将农机合作社制度建设、运行机制完善放在与增加装备投入同等重要位置，提高发展能力，实现持续发展。

有一只狼来到了北极，不小心掉到冰海中，被捞起来时变成了什么？答案：槟榔

每日记事

名言警句

当有人告诉一位智者，某人已获得一大笔财富，智者问道:“他也已经获得了花费这些财富的岁月吗?”

——所罗门·伊本·加比洛尔

2014/11/25　农历十月初四　星期二

问：办好农机合作社的关键因素有哪些？

答：

（1）选好带头人。带头人要诚实守信，合法经营，有较强的组织管理能力。

（2）有健全的管理机制。要有健全组织机构，完善的管理制度、财务分配制度和奖惩机制。

（3）加强规范化管理。合作社民主管理、作业服务、劳资管理、财务管理和资料档案管理等逐步规范化。

（4）完善标准化管理。合作社作业信息和计划、作业质量、设施与设备、财务和人力资源等运行管理要标准化。

（5）创建品牌服务。要实施品牌化服务经营战略，以信誉和品牌赢得市场竞争。

（6）建立良好的公共关系。要注意与外部建立良好的公共关系，形成柔性生产力。

（7）要打造一支高素质队伍。采取培训进修、参观考察和考核管理等形式来提高成员的综合业务素质，增强员工队伍凝聚力。

四个人在屋子里打麻将，police 来了，却带走了 5 个人，为什么？答案：因为他们打的人叫“麻将”

每日记事

名言警句

挡不住今天的诱惑，将失去明天的幸福。

问：设立农机合作社的基本条件是什么？

答：

按照《农民专业合作社法》要求，设立农机合作社应具备5个条件：

（1）有5名以上符合《农民专业合作社法》规定条件的成员作为设立人。

（2）有符合《农民专业合作社法》规定的章程。

（3）有符合《农民专业合作社法》规定的组织机构。

（4）有符合法律、行政法规规定的名称和章程规定的住所。

（5）有符合章程规定的成员出资。

有两个人掉到陷阱里了，死的人叫死人，活人叫什么？答案：叫救命啦

每日记事

名言警句

导致妒忌的，并不是我们与他人之间强烈的不均衡，恰恰相反，是我们彼此间的近似。

——休谟

问：设立农机合作社的程序是怎样的？

答：

（1）进行成立合作社基础条件和主要经营业务等方面的可行性分析。

（2）发动农民参加，筹集资金，起草合作社章程。

（3）召开设立大会。

（4）向工商行政管理部门申请登记。

（5）在申请登记获得批准后，农机合作社获得法人资格，即可按照工商部门登记的经营业务范围，从事生产经营活动。

一群燕子在房檐下啄泥筑巢，垒成后燕子们在房顶大叫，院里的孩子好奇，去问爸爸。父答：唉，包工头躲起来了，没给人家工钱。

每日记事

名言警句

道虽迩，不行不至；事虽小，不为不成。

问：申请设立登记农机合作社应向工商部门提交哪些文件？

答：

（1）登记申请书。

（2）全体设立人签名、盖章的设立大会纪要。

（3）全体设立人签名、盖章的章程。

（4）法定代表人、理事的任职文件及身份证明。

（5）出资成员签名、盖章的出资清单（无须其他机构的验资证明）。

（6）住所使用证明。

（7）法律、行政法规规定的其他文件。

丹丹是小狗的名字还是小老虎的名字？答案：小老虎（虎视眈眈）

每日记事

名言警句

读一本好书，就像交了一个益友。

——臧克家

问：与机械有关的法定计量单位有哪些？如何换算？

答：

（1）长度的法定计量单位是米（m），机械工程图上标注的法定单位是毫米（mm），1 m=1000 mm；1 英寸 =25.4 mm。

（2）质量的法定计量单位是千克（kg）。它与计量单位吨（t）的换算关系为：1 t=1000 kg。

（3）电流的法定计量单位是安培（A）。

（4）时间的法定计量单位是秒（s）。

（5）压力的法定计量单位是帕〔斯卡〕（Pa）。

（6）功率的法定计量单位是千瓦（kW），它与废除的马力（hp）换算关系为：1 hp=0.736 kW。

（7）力、重量的法定计量单位是牛顿（N）。

（8）体积的法定计量单位是升（L），1 升 =1 立方分米。

（9）电压的法定计量单位是伏〔特〕（V）。

（10）面积的法定计量单位是平方米（m^2）。

有一只鲨鱼吃下了一颗绿豆，结果它变成了什么？答案：绿豆沙（绿豆鲨）

每日记事

名言警句

对的，坚持；错的，放弃！

问：机械图样中常见的图线型式有哪些？各有什么用途？

答：

图线名称	图线型式	一般用途
粗实线	━	可见轮廓线
细实线	—	尺寸线、尺寸界线、剖面线、引出线
点划线	—·—	轴线、对称中心线
虚线	---	不可见轮廓线
波浪线	～	断裂处的边界线，视图和剖视线的分界线

有 ABCD……26 个字母，如果 ET 走后剩多少个？答案：21 个 ET 开走了 UFO

每日记事

名言警句

对于最不幸的事情来说，时间是最伟大的医生，它会医治人们的创伤。

——塞万提斯

问：农机具中常用安全标识有哪些？

答：

怎样使麻雀安静下来？答案：压它一下。原因：鸦雀无声（压雀无声）

每日记事

名言警句

多数人都拥有自己不了解的能力和机会，都有可能做到未曾梦想的事情。

——戴尔·卡耐基

问：常用标准件有哪些？各有几种类型？

答：

（1）滚动轴承。按承受负荷的方向分为：向心轴承、推力轴承、向心推力轴承；按滚动体的形状分为：球轴承和滚子轴承；按滚动体的列数分为：单列、双列、多列轴承等；按轴承能否调整中心分为：自动调整轴承和非自动调整轴承两种；按轴承直径大小分为：微型、小型、中型、大型和特大型。

（2）橡胶油封。按其结构不同分为骨架式和无骨架式两种。

（3）键联接件。分为平键、半圆键、楔键和花键 4 种。

（4）螺纹联接。分为螺栓联接、双头螺柱联接、螺钉联接和紧固螺钉联接 4 种。

狼、老虎和狮子谁玩游戏一定会被淘汰？答案：狼（桃太郎）

每日记事

名言警句

多用心去倾听别人怎么说，不要急着表达你自己的看法。

问：常用金属材料的种类有哪些？其主要性能和用途是什么？

答：

名称		特点	主要性能	用途
碳素钢	低碳钢	含碳量小于0.25%。	韧性、塑性好。易成型、易焊接，但强度、硬度低	需变形或强度要求不高的工作，如油底壳、风扇叶片、铆钉等
	中碳钢	含碳量0.25%～0.60%	强度、硬度较高，塑性、韧性稍低	经热处理后有较好综合机械性能，用于制造曲轴、连杆、凸轮轴、连杆螺栓等
	高碳钢	含碳量大于0.60%	硬度高，脆性大	经热处理后制造弹簧和耐磨件
合金钢	合金结构钢	加入一定量的合金元素的碳素钢	有较高的强度，适当的韧性	齿轮、齿轮轴、轴承、活塞销
	合金工具钢			切削切具、磨具、量具
	特殊性能钢	加入某些合金元素使钢具有特殊性能	具有如不锈、耐磨、耐热等特殊性能	耐磨钢用于收割机刀片、弓齿
铸铁	灰铸铁	铸铁中碳以片状石墨存在，断口为灰色	易铸造和切削，但脆性大、塑性差、焊接性差	气缸体、气缸盖、飞轮
	白口铸铁	铸铁中碳以化合物状态存在，断口为白色	硬度高而性脆，不能加工	不需加工的铸铁如犁铧
	球墨铸铁	铸铁中碳以圆球形石墨状存在	强度高，韧性、耐磨性较好	曲轴、凸轮轴、连杆
	可锻铸铁	铸铁中石墨为团絮状	强度、韧性比灰铸铁好	后桥壳、轮毂
	合金铸铁	加入合金元素的铸铁		活塞环、缸套、气门座圈
黄铜		铜和锌的合金	强度比纯铜高，塑性、耐腐蚀性好	散热器、油管、铆钉
青铜		铜与锡的合金	强度、韧性比黄铜差，但耐磨性、铸造性好	轴瓦、轴套
铝合金		加入合金元素	铸造性、强度、耐磨性好	活塞、气缸体、气缸盖
巴氏合金		铝、锡、锑等元素的合金	有良好的减摩性能	轴瓦

为什么篮球板上要抹两勺盐？答案：一言难尽

每日记事

名言警句

发号施令，在乎必行；赏德罚罪，在乎不滥。

问：常用非金属材料的种类有哪些？其主要性能和用途是什么？

答：

名称	主要性能	用途
工程塑料	除具有塑料的通性之外，还有相当的强度和刚性，耐高温及低温性能较通用塑料好	仪表外壳、手柄、方向盘和管接头等
橡胶	弹性高、绝缘性和耐磨性好，但耐热性低，低温时发脆	轮胎、皮带、皮碗、阀垫和软管
石棉	抗热和绝缘性能优良，耐酸碱、不腐烂、不燃烧	密封、隔热、保温、绝缘和制动材料，如制动带

谁想起妈妈的话就会哭？答案：爷爷（夜夜想起妈妈的话呀，闪闪的泪光，鲁冰花）

每日记事

名言警句

凡事皆有终结，因此，耐心是赢得成功的一种手段。

——高尔基

问：什么叫电路？电路由哪几部分组成？

答：

电路是由相互连接的电子电气器件构成的网络，一般的电路由电源、负载、开关和连接导线 4 部分组成。电路的大小可以相差很大，小到硅片上的集成电路，大到输电网。根据所处理信号的不同，电子电路可以分为模拟电路和数字电路。

小狗和小兔去老师那里背书，为什么老师让小狗先背？答案：狗（旺旺仙贝）

每日记事

名言警句　反腐莫论事大小，倡廉不在位高低。

问：如何安全有效地使触电者脱离电源?

答：

（1）对于低压触电事故，可采用下列方法使触电者脱离电源。①触电地点附近有电源开关或插头，可立即断开开关或拔掉电源插头，切断电源；②电源开关远离触电地点，可用有绝缘柄的电工钳或干燥木柄的斧头分相切断电线，断开电源；或干木板等绝缘物插入触电者身下，以隔断电流；③电线搭落在触电者身上或被压在身下时，可用干燥的衣服、手套、绳索、木板和木棒等绝缘物作为工具，拉开触电者或挑开电线，使触电者脱离电源。

（2）对于高压触电事故，可以采用下列方法使触电者脱电源。①立即通知有关部门停电；②戴上绝缘手套，穿上绝缘靴，用相应电压等级的绝缘工具断开开关；③抛掷裸金属线使线路短路接地，迫使保护装置跳闸，断开电源。注意在抛掷金属线前，应将金属线的一端可靠地接地，然后抛掷另一端。

哪一首歌的第一句就出现了 3 个人？答案：我不是黄蓉（我，布什，黄蓉）

每日记事

名言警句

反躬自省和沉思默想只会充实我们的头脑。
——巴尔扎克

问：什么是互感现象？哪些设备采用此原理制作？

答：

两个线圈在同一铁芯上，由于一个线圈中的电流发生变化而引起铁芯中的磁通量发生变化，促使另一个线圈产生感应电动势的现象叫互感现象。点火线圈、磁电机和变压器就是利用互感原理工作的。

为什么公主结婚了就不用挂蚊帐了？答案：因为有青蛙王子

每日记事

名言警句　奉公如法则上下平。

问：农机零部件有哪些常用除锈方法?

答：

（1）手工除锈法：用铁砂纸、刮刀、铲刀和钢丝刷等手工工具除锈。

（2）机械除锈法：利用机械动力的冲击和摩擦作用除去锈蚀，最常用的机械有风动刷、除锈枪、电动刷和电砂轮等。

（3）化学除锈法：即利用化学反应或电化学反应从工件表面除掉锈蚀物。由于锈蚀物主要是由铁的氧化物构成，因此可以利用酸与其反应生成可溶于水的盐类的反应将铁锈除去。

（4）火焰除锈法：利用钢铁和氧化皮的热膨胀系数不同，常用氧化乙炔燃烧器加热钢铁使其氧化皮脱落。主要用于收获机配件等大型铸件。

（5）醋除锈法：将生锈的小型农具放入食醋中浸泡至锈层容易剥落时，取出用细钢丝刷轻轻打磨，刷去锈层后再投入食醋内浸泡片刻后取出，用纱布把农具表面试擦干净，晾干后涂上石灰乳或凡士林。

有位妈妈生了连体婴，姐姐叫玛丽，那么妹妹叫做什么？答案：梦露（玛利莲梦露）

每日记事

名言警句

夫祸患常积于忽微，而智勇多困于所溺。

问：农机具产品分为几大类?

答：

根据我国机械行业标准 JB/T 8574—2013《农机具产品 型号编制规则》规定，农机具产品分成 14 大类，其名称及代号见下表。

类别名称	代号	类别名称	代号
耕耘和整地机械	1	排灌机械	8
种植和施肥机械	2	畜牧机械	9
田间管理和植保机械	3	水产养殖机械	10
收获机械	4	农村废弃物利用设备	11
脱粒、清洗、烘干和贮存机械	5	农田基本建设机械	12
农产品加工机械	6	设施农业设备	13
农用运输机械	7	其他机械	0

注：属于其他机械类的农机具在编制型号时不标出“0”。

包子死了，他的爸爸来找土豆报仇。土豆知道打不过，就逃啊逃。一条河把土豆给拦住了{猜一蔬菜}。答案：荷兰豆

每日记事

名言警句

感到自己是人们所需要的和亲近的人——这是生活最大的享受，最高的喜悦。这是真理，不要忘记这个真理，它会给你们无限的幸福。

—— 高尔基

问：拖拉机有哪些类型？

答：

拖拉机按其用途可分为两类：①一般用途拖拉机。用于一般农田作物的田间耕地、耙地、播种和收割等作业；②特殊用途拖拉机。用于特殊农业条件作业，如中耕拖拉机、棉田高地隙拖拉机和集材拖拉机等。

拖拉机按外观结构可分为手扶拖拉机、轮式拖拉机、履带式拖拉机和船式拖拉机 4 种。手扶拖拉机多用于山区小块田地，轮式拖拉机适用于各种田间作业，履带拖拉机多用于农业工程建设，船式拖拉机非常适合于我国的南方水田作业。

按驱动方式可分为两轮驱动和四轮驱动拖拉机。田间作业大多采用四轮驱动拖拉机。

按功率大小可分为大型拖拉机（36.78 千瓦以上）、中型拖拉机（14.71 ～ 36.78 千瓦）和小型拖拉机（14.71 千瓦以下）。

初中，某数学老师讲方程式变换，在讲台上袖子一挽大声喝道：“同学们注意！我要变形了！……”

每日记事

名言警句

公家之利，知无不为，忠也。

问：大中型和小型拖拉机是如何划分的？配套农具指哪些？

答：

发动机额定功率在 14.7 千瓦（含 14.7 千瓦即 20 马力）以上的拖拉机，通常称之为大中型拖拉机。有链轨式和轮式两种。

发动机额定功率在2.2千瓦（含2.2千瓦）以上，小于14.7千瓦的拖拉机，称之为小型拖拉机。包括小四轮与手扶式。

拖拉机配套农机具指由拖拉机牵引或悬挂的田间移动作业机具，例如机引犁、旋耕机、机引耙和播种机等农具。

我要向我女朋友求婚，所以我买了一个很大的南非钻石，如果她答应了，我就留给我自己；如果她不答应，我就拿出来气死她！

每日记事

名言警句

公生明，偏生暗。——《荀子·不苟》：公正就政治清明，偏私则政治黑暗。

问：拖拉机型号代表什么含义？

答：

根据 JB/T 9831—1999 《农林拖拉机 型号编制规则》规定，拖拉机型号由下列代号组成：

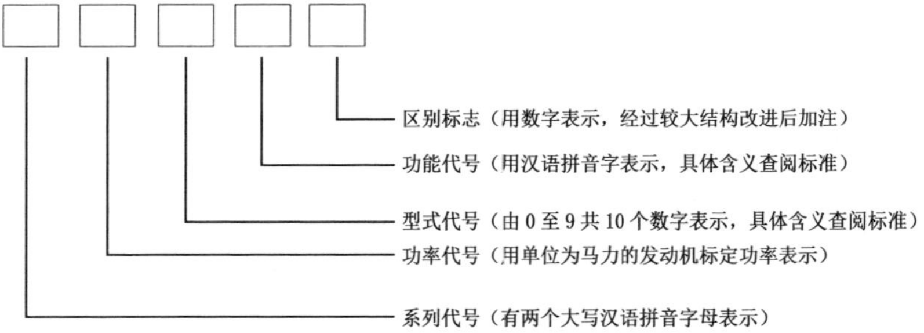

例如 :121T 表示 9 千瓦左右的手扶拖拉机变型运输机；B144G 表示 B 系列 10 千瓦左右的四轮驱动果园用拖拉机。

我去散步，被抢劫，歹徒拿着刀对我说：“你敢动一下试试看？”我当时就不乐意了，抢劫我就算了，凭啥还让我感动？

每日记事

名言警句

公正肝胆壮，无私天地宽。

问：拖拉机由哪几部分组成？

答：

各类拖拉机的总体构造有所不同，但基本上都是由发动机、底盘和电气设备 3 大部分组成。发动机为拖拉机提供动力，我国拖拉机的发动机都是柴油机；底盘一般由传动系、转向系、制动系和行走系等组成，拖拉机的底盘还配有工作装置，它包括液压悬挂系统、动力输出装置等；电气设备主要由电源设备和用电设备组成。

小时候妈妈给姐姐买了条很好看的裙子，我抢着要穿，可妈妈就是不让，把我气得哇哇大哭。随着年龄的生长，我也慢慢释怀了，毕竟我是个男孩！

每日记事

名言警句

公正无私，一言而万民齐。

——《淮南子·修务训》

问：拖拉机常见故障以及排除方法有哪些？

答：

（1）轮胎爆胎。引起拖拉机爆胎的原因主要有：①刹车过急。如果没有特殊情况应避免紧急刹车，特别是在有尖硬物的路面。②方向判断失误。使拖拉机轮胎碰撞坚硬物体。③胎内气压太高或太低。④检查轮胎不及时。对于轮胎的工作状态及磨损程度一定要及时检查，以便采取防范措施。

（2）拖拉机高压油管漏油的处理方法。在高压油管锥面与锥孔的配合处垫一段长 1 ～ 2 毫米，直径约 5 毫米的塑料管，或垫一个内径略大于油管内径，外径适当的紫铜垫圈，或更换高压油管。

（3）拖拉机油管喇叭口漏油的处理方法。①拧接头先拧有喇叭的一头。②研磨喇叭口接头后，在锥面上涂密封胶，然后拧紧或锯掉喇叭口，用扩制器重扩 1 个。

（4）拖拉机空心螺钉接头漏油的处理方法。将接头、垫圈磨平。将空心螺钉六方内面车平，然后拧紧或在垫圈的两面涂密封胶。

（5）拖拉机缸盖裂纹的原因。①温度过高骤加冷水。②温度过低骤加热水。③冬天停车忘记防水，冻裂缸盖。④水垢过多。⑤冷却水严重不足。⑥发动机过热。⑦缸盖螺栓扭力不均。

哪个聊天工具最慢？答案：MSN（慢死呢）

每日记事

名言警句

苟日新，日日新，又日新。

问：职业技能鉴定的主要内容有哪些？

答：

国家实施职业技能鉴定的主要内容包括：职业知识、操作技能和职业道德 3 个方面。

职业技能鉴定分为 4 个实施步骤：鉴定前的组织准备、鉴定前的技术准备、鉴定实测和鉴定后的结果处理。

老师：请同学们用“况且”造句。（小爱）同学立刻举手站起来说：过年了，村里的戏班响起了“况且、况且”的声音。

每日记事

名言警句

古之立大事者，不惟有超世之才，亦必有坚忍不拔之志。

问：职业技能鉴定考评员聘任期有几年？农机行业特有工种纳入国家职业资格体系，分哪几个等级？

答：

职业技能鉴定站（所）要在取得考评员资格证书的人员中聘任相应工种、等级或类别的考评员，聘任期 3 年。

农机行业特有工种国家职业资格分 5 个等级：初级、中级、高级、技师和高级技师。

甲：这件事我只告诉你一人，请你千万为我保密。乙：放心，不但我要为你保密，我还要告诉大家都来为你保密。

每日记事

名言警句

国尔忘家，公尔忘私，利不苟就，害不苟去，惟义所在。

——贾谊《新书·阶级》

问：农机化重要政策、文件、信息等在哪里公布？

答：

中国农机化信息网（http://www.amic.agri.gov.cn）、重庆农机化信息网（http://www.cqnj.gov.cn）、农民日报、重庆日报和重庆日报农村版、重庆农业农村信息网（http://www.cqagri.gov.cn）、各区县农业部门官方网站及农机购置补贴专栏。购机补贴等重要政策信息，要求在乡镇、村社一级公示。

女主人问新雇来的保姆："告诉我，姑娘，你喜欢鹦鹉吗？"保姆回答道："别担心，太太，我什么都吃，不挑食。"

每日记事

名言警句

过去酒逢知己千杯少，现在酒逢千杯知己少。

问：农机合作社设立大会主要行使哪些职权？

答：

（1）通过本社章程，章程应当由全体设立人一致通过。

（2）选举产生理事长、理事、执行监事或者监事会成员。

（3）审议其他重大事项。

变胖都是悄悄地、悄悄地，你以为一切照常，找出往年的裤子，就是一个猝不及防。

每日记事

名言警句

行成于思，毁于随。

问：农机安全监理机构的职能职责有哪些？

答：

各级农机安全监理机构是农机主管部门所属的、承担农机安全管理职责的执法单位，按照法律、法规和规章的要求，开展以下工作。

（1）贯彻落实国家有关农机安全生产的法律法规和政策。

（2）农业机械的登记和备案。

（3）农业机械的安全技术检验；驾驶操作人员的考试、证件核发和审验。

（4）农机安全生产法律、法规和安全知识宣传教育。

（5）农机安全生产隐患排查治理、违法违规行为查处。

（6）农机事故统计、报告、调查处理。

（7）国家和地方法律法规授权的其他事项。

老王说，他这辈子的最终奋斗目标，就是买东西时可以不用看价钱。通过十年如一日不懈的努力，他终于实现了——他失明了。

每日记事

名言警句

行端好比松傲雪，贪念犹似蚁决堤。

问：农机安全监理机构工作岗位设置有哪些规定？

答：

农机安全监理机构一般应设置以下岗位：业务领导、登记审核、安全技术检验、驾驶人考试、牌证管理、档案管理以及安全检查、事故处理、统计分析、安全宣传教育等。农业机械登记和驾驶证核发工作流程的相邻岗位不能兼任。安全技术检验、驾驶人考试、安全检查、行政处罚、事故现场勘察、事故责任认定及损害赔偿调解等工作至少由 2 人共同完成。

两个醉汉驾着汽车狂奔。甲：“小心点！前面是急转弯。”乙：“什么？不是你在开车吗？”

每日记事

名言警句

合抱之木，生于毫末；九层之台，起于累土；千里之行，始于足下。

问：公安驻农机交通安全警务室的职责主要有哪些?

答：

（1）负责本地公安部门与农机监理部门的联系、沟通和协调。

（2）建立全市统一的拖拉机信息交换平台及外籍拖拉机及驾驶人的备案登记管理制度。

（3）定期分析研判本辖区农村道路交通安全形势，根据拖拉机道路交通违法行为及事故规律特点，采取针对性措施实施安全隐患排查和专项治理。

（4）建立日常执法检查及登记制度。

（5）依法严厉查处拖拉机道路交通违法行为。

（6）加强对拖拉机驾驶人的交通安全法制教育。

（7）协助开展拖拉机道路交通事故处理以及应急处置。

（8）指导乡镇和村居安全监管人员做好拖拉机道路交通安全监管工作。

（9）配合开展农田、场院等道路外农机安全监督执法检查。

（10）完成市农委、市公安交通管理局等上级部门交办的其他工作。

什么鱼最白痴？答案：鲨（傻）鱼

每日记事

名言警句

很多显得像朋友的人其实不是朋友，而很多是朋友的并不显得像朋友。

——德谟克利特

问：发动机是如何分类的？其工作流程是什么？

答：

发动机是一种能够把其他形式的能转化为另一种能的机器，通常是把化学能转化为机械能。发动机主要可分为外燃机和内燃机两类。内燃机的种类十分繁多，常见的汽油机、柴油机是典型的内燃机。

其工作流程为：进气—压缩—膨胀做功—排气。

汽油发动机由两大机构和 5 大系统构成，包括配气机构、曲柄连连杆机构、燃油供给系统、润滑系统、冷却系统、点火系统和启动系统；而柴油发动机则由两大机构和 4 大系统构成，包括配气机构、曲柄连连杆机构、燃油供给系统、润滑系统、冷却系统和启动系统。

什么鱼最聪明？答案：鲸（精）鱼

每日记事

名言警句

衡之于左右，无私轻重，故可以为平；绳之于内外，无私曲直，故可以为正。

问：发动机冒黑烟是怎么回事？如何排除？

答：

发动机在加速和超载时，略冒黑烟是正常的。如果在正常工作时也冒浓烟就是有故障。其形成的原因很多，主要是燃油燃烧不完全造成的。具体原因可能是供油时间太迟，燃油来不及充分燃烧；气门间隙不正确或进气不通畅（滤清器脏堵），进气量不足必然使燃油不能完全燃烧；还有就是活塞、活塞环或缸套磨损严重等。根据形成的原因找准故障部位，加以相应调整、维修或更换过度磨损的零件予以排除。

人大代表去化验科，护士指着前方一牌说：“非本科人员不得入内！”那人大怒，骂道：“我就化验个尿，还要本科文凭！！！”

每日记事

名言警句

患难识朋友。

——列宁

问：发动机冒蓝烟和白烟是怎么回事？如何排除？

答：

冒蓝烟说明烧机油。可能是曲轴箱油面过高；空气滤清器油盘油面过高；活塞环积炭卡死或过度磨损；对大修后的发动机还有可能由于缸套和活塞环没磨合好。可针对故障的原因采取对应的排除措施。

冒白烟其主要原因是柴油中有水或发动机未经预热即加负载。如果柴油中有水，可能是缸盖、缸垫、缸套之间有渗水处，要查明原因加以排除；如果是发动机未充分预热便加载造成，就应当让发动机足够预热后再投入工作。也不排除喷油器工作不正常，如喷油压力过低或针阀卡住，应当针对形成的原因加以检修。

现在的数学书上有一种题的名字叫《做一做》，一天数学老师让我们做《做一做》，于是我们就坐了一会儿。

每日记事

名言警句

机会像个顽皮的孩子，在人生道路的某个路口与你捉迷藏。

问：柴油机维修5大“禁忌”？

答：

（1）更换气缸垫，不清除残余缸垫。

（2）安装活塞销，不加温活塞。

（3）更换气门不研磨。

（4）轴瓦背面垫铁皮或纸。

（5）将机油指示器换成木橛。

今天上语文课，一个男生趴在桌上呼呼大睡。老师发现了他，然后淡定指着他说：“同桌关心下。”于是，同桌脱下了自己的外套披在了睡觉男生的身上……

每日记事

名言警句

积极思考造成积极人生，消极思考造成消极人生。

2015/1/8 农历十一月十八 星期四

问：机油消耗严重是什么原因？

答：

（1）当发现机油消耗过多时，应首先检查机体和齿轮室盖、行轮一侧的大盘、后盖、盖罩等连接处是否有漏油现象。如漏油，应注意观察各连接部位的密封垫是否完整，要对损坏的密封垫进行更换。若密封垫完整，应检查各部位的连接螺丝是否松动。对松动的螺栓用扳手上到规定扭力即可。若以上部位基本正常，且漏油处在机架位置，应对机油壳进行检查，主要检查部位在与行轮同侧的机油壳侧的前端，多因机座螺丝松动，行轮在三角带拉动下与保护机油壳的机架角铁产生长期擦碰，将机油壳磨透形成缺口而产生漏油。

（2）发动机长期使用形成的正常磨损：或因保养不当形成的非正常磨损，均会使柴油机的缸套形成纵行拉痕，缸径、活塞侧间隙超出规定值，使活塞环的撑力相应减小，出现刮油不净现象。

（3）气门导管磨损严重也会烧机油。

卖瓜小贩：“快来吃西瓜，不甜不要钱！”饥渴的路人：“哇！太好了，老板，来个不甜的。”

每日记事

名言警句

即使爬到最高的山上，一次也只能脚踏实地地迈一步。

问：蓄电池极板硫化有哪些原因?

答：

（1）蓄电池长期处于放电或半放电状态。

（2）电解液液面长期过低，极板露在空气中。

（3）电解液密度过大，放电电流过大等都会使反应剧烈，生成的硫酸铅很快沉积到极板上，促进硫化。

（4）环境温度高，也容易硫化。

某日带小外甥去庙里拜神，我在焚香，老爹在点蜡烛，外甥一看点蜡烛马上对着神像唱起生日快乐歌！

每日记事

名言警句

己欲立而立人，己欲达而达人。

——孔子

问：如何进行火花塞保养？

答：

（1）拔掉火花塞帽。

（2）清洁火花塞底座周围的脏物。

（3）用火花塞专用套筒扳手拆下火花塞。

（4）目视检查火花塞，如果绝缘体有裂缝或缺损，更换新的，火花塞如需再用，可用钢丝刷清洁。

（5）用厚薄规测量火花塞的间隙，如果需要调整，可通过弯曲侧电极进行调整，间隙应是 0.70 ～ 0.80 毫米。

（6）检查火花塞垫圈是否良好：为了防止螺纹错位，用手把火花塞旋入。

（7）火花塞旋到底后，用专用套筒扳手把它拧紧，压紧垫圈。（如果是新装火花塞，在压紧垫圈后多拧 1/2 圈。如果是重新安装用过的火花塞，在压紧垫圈后多拧 1/8 ～ 1/4 圈。）

为什么多啦 A 梦一辈子都生活在黑暗中？答案：因为他伸手不见五指

每日记事

名言警句

俭，德之共也；侈，恶之大也。

2015/1/13 农历十一月廿三 星期二

问：离合器的功能是什么？它由哪几部分组成？

答：

离合器位于发动机和变速箱之间，起分离和接合发动机与传动系之间的动力传递功用，以利于变速箱的挂挡（或换挡），使拖拉机平稳起步，以及防止传动系机件因过载而损坏。离合器主要由主动部分、从动部分、压紧机构和操纵机构 4 部分组成。

某人骑车上街，过一路口，撒把前行，交警看见，惊呼："手掌好！"某人高兴地挥手做答："同志们辛苦了！"

每日记事

名言警句

俭节则昌，淫佚则亡。

——《墨子·辞过》

问：离合器打滑是怎么造成的？如何解决？

答：

主要原因如下：①离合器片沾上油，可用汽油擦洗除油，还应查明漏油部位加以彻底排除；②摩擦片磨损不均匀或严重磨损，甚至铆钉外露，就需更换摩擦片；③由于离合器从动盘翘曲造成接触面不平，应当进一步检修；④离合器踏板自由行程过小，甚至没有自由行程，就应当按各机型的要求重新调整。

一男人总找不到女友，无奈去算命。算命师：“你前半生注定没女人。”那人眼睛一亮：“后半生呢？”算命师说：“后半生你就习惯了。”

每日记事

名言警句

见贤思齐焉，见不贤而内自省也。

——《论语·里仁》

问：机械化养猪生产的特点有哪些？有哪些主要设备？

答：

机械化养猪生产的特点如下：①按繁殖过程安排工艺流程；②全进全出，按节律实行全年均衡生产；③使用优良品种、优质饲料；④采用现代化科学配套技术；⑤工程技术的运用和保障；⑥现代化企业管理体制和运行模式。

猪场机械设备主要包括各种猪栏、地板、喂饲设备、饮水设备、清粪设备、环境控制设备以及运输设备等。

提问：布和纸怕什么？回答：布怕一万，纸怕万一。原因：不（布）怕一万，只（纸）怕万一。

每日记事

名言警句

今朝贪得一时惠，他日落得半世悔。

问：机械化规模养牛和养鸡主要机械设备有哪些?

答：

（1）机械化规模养牛主要机械设备有拌料机、输料机、喂料机、自动饮水器、挤奶机、清粪机及室内环境控制设备等。

（2）机械化规模养鸡主要机械设备有育雏器、鸡笼、拌料机、输料机、喂料机、自动饮水器及清粪机等。

中国人美国人犹太人一起喝饮料，三只苍蝇分别飞入他们饮料中，美国人重要了一杯，中国人没理会就喝下，犹太人一把抓出苍蝇大喊道："吐出来！你丫把喝下去的饮料吐出来！"

每日记事

名言警句

谨于言而慎于行。

问：常用猪场清粪设备有哪些？

答：

常用的清粪机械设备有链式刮板清粪机、往复刮粪板清粪机等。

（1）链式刮板清粪机由链刮板、驱动装置、导向轮和张紧装置等部分组成。此方式不适用于高床饲养的分娩舍和培育舍内清粪。链式刮板机的主要缺陷是由于倾斜升运器通常在舍外，在北方冬天易冻结。因此在北方地区冬天不可使用倾斜升运器，而应由人工将粪便装车运至集粪场。

（2）往复式刮板清粪机由带刮粪板的滑架（两侧面和底面都装有滚轮的小滑车）、传动装置、张紧机构和钢丝绳等构成。

一个男人怒气冲冲地冲进某单位，嚷道：“这里是动物保护协会吗？”工作人员：“是啊，请问是谁欺负你了？”

每日记事

名言警句

尽信《书》，则不如无《书》

问：畜禽固液分离机应有哪些主要特性?

答：

（1）单位时间内作业量高。

（2）干物质回收率高（径流式固液分离机约可清除 25% 干物质）。

（3）分离后之固形物含水率低（一般为 85%，配合挤压机可降至 70% 以下）。

（4）所需动力少。

（5）故障少。

考试老师发卷子，后边的女生多拿了一张，高呼："老师，我有了，我有了。"结果坐他旁边的男生说道："是我的，是我的。"全班爆寒~~~

每日记事

名言警句

静坐常思己过，闲谈莫论人非。

——《增广贤文》

问：常用自动清粪机的工作原理是什么？

答：

自动清粪机广泛用于笼养和网上平养的家禽家畜粪便清除，也可用于工厂车间生产线物料收集。工作时，由减速电机输出轴将动力经链轮传动传至牵引机主绳轮，由绳轮与牵引绳间的挤压摩擦力获得牵引力，从而带动刮板装置进行清粪作业。牵引机采用双绳轮单驱动的形式。刮板装置主要利用摩擦力自动落下抬起，工作时刮板自动落下，返回时刮板自动抬起。

有一颗豆，摔倒了，只有你才能鼓励他，请问为什么？答案：朱古力豆

每日记事

名言警句

决心即力量，信心即成功。

——托尔斯泰

问：什么是农业机械的技术保养和冬修？

答：

农业机械的技术保养是指定期对农业机械的各部分进行系统的检查、清洁、润滑、紧固、调整或更换某些零件，其目的是保证农业机械的良好技术状态，延长使用寿命，预防故障发生与早期损坏。

农业机械冬修是利用冬季农闲时机对农业机械进行维修、调式和保养的技术活动。

船在大海上触礁快要沉没了，乘客们呼天喊地，只有一位乘客大口地吃饼干。众人说：“都什么时候了，你怎么还顾得上吃？”那位乘客振振有词地回答：“我胃不太好，医生叮嘱我不能空腹喝水！”

每日记事

名言警句

君子耻其言而过其行。

问：对农业机械维修质量管理有怎样的规定?

答：

首先，维修农业机械应当执行国家有关技术标准、规范或者与用户签订的维修协议，保证维修质量。

其次，农业机械维修实行质量保证期制度。农业机械整机或总成维修质量保证期为 3 个月。在质量保证期内，农业机械因维修质量不合格的，维修者应当免费重新修理。

我哥哥前几天把对象领家里来了，第一次见面，就赶紧叫嫂子，结果人家女孩说叫姐姐吧。我就很听话地叫了声姐，之后又对着我哥喊了声姐夫。

每日记事

名言警句

君子处其实，不处其华；治其内，不治其外。

——张居正

问：农业机械维修者应当遵守哪些规定?

答：

（1）应当将《农业机械维修技术合格证》悬挂在经营场所的醒目位置，并公开维修工时定额和收费标准。

（2）应当在核准的维修类别和等级范围内从事维修业务，不得超越范围承揽无技术能力保障的维修项目。

（3）应当向农业机械消费者如实说明维修配件的真实质量状况。使用可再利用的旧配件进行维修时，应当征得送修者的同意，并保证农业机械安全性能符合国家安全标准。

（4）不得使用不符合国家技术规范强制性要求的维修配件维修农业机械。

（5）不得以次充好、以旧换新，或者作引人误会的虚假宣传；不得利用维修零配件和报废机具的部件拼装农业机械。

（6）不得承揽已报废农业机械维修业务。

一个胖姑娘，因为没有信心而不敢坐电梯，所以每天坚持走楼梯上班。于是，经过近一个月的努力，她因为经常迟到被开除了。

每日记事

名言警句

君子以俭德辟难。

问：农业机械维修是如何进行分类分级管理的？

答：

农业机械维修业务实行分类、分级管理。

根据维修项目不同，分为综合维修和专项维修两类。

综合维修根据技术条件和服务能力，分为一、二和三级。

三级维修业务：可以从事常用农业机械的局部性换件修理、一般性故障排除以及整机维护。

二级维修业务：可以从事各种农业机械的整机修理和总成、零部件修理，以及三级维修业务的所有项目。

一级维修业务：可以从事整机维修竣工检验工作，以及二级维修业务的所有项目。

几人看日出，一人指着树梢说：我看见了。其他人也说看见了。这时树后有人提着裤子出来：看见就看见，嚷嚷什么？！

每日记事

名言警句

君子之交淡若水，小人之交甘若醴。君子淡以亲，小人甘以绝。

问：如何申领《农业机械维修技术合格证》？

答：

首先，向县级人民政府农业机械化主管部门提出申请，并提交以下材料。①农业机械维修业务申请表；②申请人身份证明、工商营业执照；③相应的维修场所和场地使用证明；④主要维修设备和检测仪器清单；⑤主要从业人员的职业资格证明。

然后，由县级人民政府农业机械化主管部门审核所提交的材料，对经审核符合条件的，发放《农业机械维修技术合格证》；对不符合条件的，应当书面告知申请人并说明理由。

同事去见客户，可能是紧张，一开口便是："刘先生你好，请问你贵姓啊？"

每日记事

名言警句

君子之学必日新，日新者日进也。不日新者必日退，未有不进而不退者。

问：《农业机械维修技术合格证》有效期是多久？其样式和发放有何规定？

答：

《农业机械维修技术合格证》的有效期为 3 年。有效期届满需要继续从事农业机械维修的，应当在有效期届满前 30 日内按原申请程序重新办理申请手续。

《农业机械维修技术合格证》式样由农业部规定，省（自治区、直辖市）人民政府农业机械化主管部门统一印制并编号，县级人民政府农机化主管部门按规定发放和管理。

重庆市由市农业委员会定期统一印制并编号，区县（自治县）农机主管部门可到市农委农机监管处免费领取，区县（自治县）农机主管部门免费发放给经审核后符合条件的申请人。

“为什么新郎新娘要在婚礼上牵着手？”“这是一种礼节，就像两个拳击手在比赛前要握手一样。”

每日记事

名言警句

看别人不顺眼，是自己修养不够。

问：对违反农业机械维修管理规定的，农机主管部门应当怎样处理？

答：

（1）对未取得《农业机械维修技术合格证》从事农业机械维修业务的，由农机主管部门责令限期改正；逾期拒不改正的，或者使用伪造、变造的《农业机械维修技术合格证》的，处1000元以下罚款，并于5日内通知工商行政管理部门依法处理。

（2）当维修设备、设施、人员、质量管理、安全生产和环境保护等技术条件不符合《农业机械维修技术合格证》规定时，由农机主管部门给予警告，限期整改；逾期达不到规定要求的，由区县农机主管部门收回、注销其《农业机械维修技术合格证》。

（3）超越范围承揽无技术能力保障的维修项目的，由农机主管部门处200元以上500元以下罚款。

（4）对使用不符合国家技术规范强制性要求的维修配件维修农业机械和承揽已报废农业机械维修业务的，由区县农机主管部门处500元以上1000元以下罚款。

（5）对农业机械维修者未在经营场所的醒目位置悬挂统一的《农业机械维修技术合格证》、未按规定填写维修记录和报送年度维修情况统计表的，由区县农机主管部门给予警告，限期改正；逾期拒不改正的，处100元以下罚款。

做饭时，一只螃蟹顶出锅盖，对你说：“我热！”，答曰：“想红就忍着。”

每日记事

名言警句

克勤于邦，克俭于家。

问：柴油有哪些牌号与规格？怎样正确选用？

答：

柴油分为普通柴油与重柴油 2 种。普通柴油是用于 1 000 r/min 以上的高速柴油机的燃料，重柴油是用于 1000 r/min 以下的中低速柴油机的燃料。一般加油站所销售的柴油均为普通柴油。根据标准 GB 252—2011《普通柴油》，普通柴油按凝点分为 7 个牌号：

（1）10 号普通柴油适用于风险率为 10% 的、最低气温在 12℃以上的地区使用。

（2）5 号普通柴油适用于风险率为 10% 的、最低气温在 8℃以上的地区使用。

（3）0 号普通柴油适用于风险率为 10% 的、最低气温在 4℃以上的地区使用。

（4）-10 号普通柴油适用于风险率为 10% 的、最低气温在 -5℃以上的地区使用。

（5）-20 号普通柴油适用于风险率为 10% 的、最低气温在 -14℃以上的地区使用。

（6）-35 号普通柴油适用于风险率为 10% 的、最低气温在 -29℃以上的地区使用。

（7）-50 号普通柴油适用于风险率为 10% 的、最低气温在 -44℃以上的地区使用。

鸡蛋和巧克力打架，巧克力赢了｛打一种食品｝。
答案：巧克力棒

每日记事

名言警句

苦难磨炼一些人，也毁灭另一些人。

——富勒

问：车用汽油的牌号有哪些？怎样选用？

答：

根据标准 GB 17930—2011《车用汽油》，车用汽油按研究法辛烷值分为 90 号、93 号和 97 号 3 个牌号。辛烷值是汽油在稀混合气情况下抗爆能力的指标。

选择合适的汽油牌号，就是要使汽油的标号与发动机的压缩比相匹配，若高压缩比的发动机选择低标号的汽油，汽油发动机容易产生爆震，发动机长时间爆震，容易造成活塞烧结、活塞环短裂等故障，加速发动机部件的损坏；若低压缩比的发动机选用高标号汽油，虽能避免发动机爆震，但高标号汽油配低压缩比的发动机会改变点火时间，造成汽缸内积炭增加，长期使用会减少发动机的使用寿命。

段誉每喜欢一个女生，段誉他爹都会说：“你妹啊”！段誉他娘临死的时候，告诉段誉，你不是你爹亲生的，你那些妹妹，你可以随便娶，段誉哀声道：娘，你这不是“坑爹啊”！

每日记事

名言警句

困难像弹簧，你强它就弱，你弱它就强。

问：内燃机油有几种？常用有哪些牌号和规格？怎样选用？

答：

（1）内燃机油（俗称机油）分为柴油机油和汽油机油 2 种。

（2）内燃机油的规格和牌号有两种分级方法：①按品质分级。柴油机油分为 CC、CD、CD-Ⅱ、CE、CF-4 等，汽油机油分为 SC、SD、SE、SF、SG、SH 等，品质均依次逐级升高。②按黏度分级。我国将冬季用柴油机油分为 0W、5W、10W、15W、20W 和 25W 共 6 级，其中的“W”表示冬用。将夏季用柴油机油分为 20、30、40 和 50 共 4 级，黏度均依次递增。上述冬用油或夏用油统称单级油。③还有一类柴油机油能满足冬夏通用要求，称为多级油，其牌号用一斜线将冬夏两个级号连起来，如 10W/20 表示该油的低温性能指标达到冬用油 10W 的性能要求，高温黏度也符合夏用油 20 号的规格。④汽油机油的黏度分级与柴油机油相同。

（3）内燃机油的选择包括品质和黏度两种，其中品质是首选内容，品质选用应遵照产品使用说明书中的要求选用，还可结合使用条件来选择。黏度等级的选择主要考虑环境温度。

我同学说：“我搁的洗衣粉太多了。”另外一个问：“什么？你哥的媳妇儿太多了？”

每日记事

名言警句

乐不可极，极乐成衰；欲不可纵，纵欲成灾。

问：齿轮油有哪些常用牌号？怎样选用？

答：

齿轮油有 3 个品种，即普通车辆齿轮油（代号为 CLC）、中负荷车辆齿轮油（代号为 CLD）和重负荷车辆齿轮油（代号为 CLE），品质按次序后一级比前一级高，使用场合的允许条件后一级比前一级苛刻。黏度等级分为 70W、75W、80W、85W、90、140 和 250 共 7 个黏度牌号，以上是单级油，还有多级油，如 80W/90、85W/90 和 85W/140 等。

齿轮油原则上应按产品使用说明书的规定进行选用，也可以按工作条件选用品种，按工作环境温度选择牌号。

小明：“为啥每次运动会都下雨？”神回复：“没见运动会这三字里都有云吗，不定哪片就藏着雨！”

每日记事

名言警句

乐观者看到条条都是康庄大道，悲观者看到条条都是此路不通。

问：液压油有哪些常用牌号？怎样选用？

答：

（1）液压油的品种有普通液压油（代号 HL）、抗磨液压油（代号 HM）、低温液压油（代号 HV 和 HS）和难燃液压油等。每种液压油都有若干个不同黏度的牌号。液压油的牌号由代号和黏度值数字构成。

（2）抗磨液压油适用于压力较高（大于 10 兆帕），使用条件苛刻的液压系统，牌号有 HM32、HM46、HM68、HM100 和 HM150 等，拖拉机、联合收割机、工程机械应选用此种液压油。

（3）根据工作环境温度选用相应黏度的牌号，在严寒地区作业的机械宜选用低温液压油。

考考你，有人中大奖了，打一首歌名，《恭喜发财》？不对！再想想，《财神到》？也不对！告诉你吧，是《可惜不是你》！

每日记事

名言警句

理想的路总是为有信心的人预备着。

问：润滑脂有哪些常用牌号？怎样选用？

答：

（1）润滑脂俗称黄油。目前我国生产和销售的润滑脂还未执行新标准的品种名称，按照旧的品种名称，常见的有钙基、钠基、钙钠基、复合钙基、锂基等润滑脂。

（2）钙基润滑脂抗水性好，不耐热和低温，适宜在农机具大部分轴承中使用。钠基润滑脂耐温可达 120℃，但不耐水，适用于工作温度较高而不与水接触的润滑部位。钙钠基介于上述二者之间。锂基润滑脂抗水性、耐热性和耐寒性都较好，它可以取代其他基脂使用在拖拉机、联合收割机上。

（3）润滑脂的牌号是按其稠度（以“锥入度”表示其软硬程度）分为 000、00、0、1、2、3、4、5 和 6，共 9 个牌号，号数越大，润滑脂越硬。拖拉机、联合收割机上一般使用 2 号或 3 号。

上学的时候，打电话问我爸这个月生活费打了没，我爸：“打了，一万”，打了这么多，放下电话我久久不能平静，这才是亲爸啊，赶紧跑去 ATM 机查询，咦，怎么只有五百，于是又连忙打电话问我爸啥情况，我爸：“忙着呢，红中。”

每日记事

名言警句

历览前贤国与家，成由勤俭破由奢。

问：新农机使用时的注意事项有哪些？

答：

（1）在新农机的发动机使用前，首先要认真细读该机的使用说明书，特别注意要使用规定牌号的燃油。润滑油和加油器要保持清洁，加进量要足够，并定期更换。空气滤清器要注意经常保养。还要注意经常检查，紧固有关的螺栓、螺母，特别是连杆螺栓、传动轴上的螺栓和飞轮上的锁紧螺母、车轮的固紧螺母等。

（2）新农机不要马上带负荷作业，应按照说明书的要求对其进行试运转磨合。磨合结束后，清洗该机机油滤网并清除机油中的残留杂质，有必要的还要对其机油进行更换，并清洗油底壳。

（3）新农机进行作业时，要严格按照厂家说明书的要求去做，不超载、不超速、不超喂入、不长期超负荷工作。

（4）不能随意对新农机进行改装和任意调高发动机的转速。

“老公，我喜欢这双鞋。”老公看了看8888元的标签，说道：“钱可能不够，就带了一半。”“那就买4000的那双吧。”“不告诉你了吗？只带了88。”

每日记事

名言警句

廉洁奉公，家事国事皆为心头事；贪污受贿，风声雨声都是警笛声。

问：农业机械的技术保养应达到什么要求?

答：

在对农业机械进行技术保养后，要求动力机械达到：①三不漏，即不漏油、不漏水、不漏气；②四净，即油、水、气、机车净；③一完好，即技术状态完好。

配套农具达到：①三灵活，即操作、转动、升降灵活；②五不，即不旷、不钝、不变形、不锈蚀、不缺件；③一完好，即技术状态完好。

一个父亲带着刚满三岁的儿子去听小提琴音乐会，看到一半时儿子突然问父亲：“爸爸那个人什么时候才能把那个大木箱子锯断呢？”

每日记事

名言警句

临官莫如平，临财莫如廉。

问：泵可以分为哪几类？

答：

一直以来，泵都具有举足轻重的地位，无论在生产还是生活中都离不开它。

（1）按产生的压力可分为 3 类，分别是低压泵、中压泵、高压泵。其中低压泵产生的压力在 2 兆帕以下；中压泵产生的压力为 2 ～ 6 兆帕；高压泵产生的压力在 6 兆帕以上。

（2）按工作原理可分为叶轮式泵、容积式泵以及其他类型泵（例如喷射泵以及水锤泵等）。

（3）按泵腔工作介质可分为干泵、油泵和水泵。

（4）其他分类：按驱动方法可分为电动泵、汽轮机泵、柴油机泵和水轮泵等；按结构可分为单级泵和多级泵；按用途可分为锅炉给水泵和计量泵等；按泵轴位置分为立式泵和卧式泵。

世界上最遥远的距离不是天涯海角，不是生离死别，而是我站在公交车的车门里，你却挤不上车……

每日记事

名言警句

灵感并不是在逻辑思考的延长线上产生，而是在破除逻辑或常识的地方才有灵感。

——爱因斯坦

问：水泵是如何分类的？其工作原理是什么？

答：

水泵根据不同的工作原理可分为容积泵、叶片泵等。

容积泵是利用工作室容积的变化来传递能量的机械。它依靠工作元件在泵缸内作往复或回转运动，使工作容积交替地增大和缩小，以实现液体的吸入和排出。工作元件作往复运动的容积泵称为往复泵，主要包括活塞泵、柱塞泵等；作回转运动的容积泵称为回转泵，主要包括齿轮泵、隔膜泵、转子泵和螺杆泵等。

叶片泵是利用回转叶片与水的相互作用来传递能量，有离心泵、轴流泵和混流泵等类型。离心泵是在叶轮高速旋转所产生的离心力的作用下，将水提向高处；轴流泵是利用叶轮高速旋转所产生的推力提水；混流泵的叶轮形状介于离心泵叶轮和轴流泵叶轮之间，因此，混流泵对水的抽吸依靠离心力和升力二者的综合作用，水则以与轴组成一定角度的方向流出叶轮，通过蜗壳室和管路流向高处。

一青年随手将手上的易拉罐扔在马路旁，一警察过来说：“这么不文明，要是所有的人都像你一样……”话音刚落，一捡破烂的老汉答道：“那我就发财了”。

每日记事

名言警句

路是脚踏出来的，历史是人写出来的。人的每一步行动都在书写自己的历史。

——吉鸿昌

问：离心泵由哪几部分组成？

答：

离心泵的基本构造是由 6 部分组成的，分别是叶轮、泵体、泵轴、轴承、密封环和填料函。

（1）叶轮是离心泵的核心部分，泵通过叶轮的高速运转使液体获得动能。

（2）泵体也称泵壳，是水泵的主体，起到支撑固定作用，并与安装轴承的托架相连接。

（3）泵轴通过联轴器和电动机相连接，将电动机的转矩传给叶轮，是传递机械能的主要部件。

（4）轴承是套在泵轴上支撑泵轴的构件，有滚动轴承和滑动轴承两种。

（5）密封环又称为减漏环，在泵壳内缘和叶轮外援结合处装有密封环，密封的间隙保持在 0.25 ～ 1.10 毫米为宜。

（6）填料函主要由填料、水封环、填料筒、填料压盖和水封管组成。填料函起到封闭泵壳与泵轴之间的空隙、保持水泵内真空的作用。

小刘买了一只鹦鹉，为了能让这只鹦鹉学舌，他对鹦鹉不断地重复：“喂……喂……喂……”鹦鹉有点不耐烦了，它睁开惺忪的眼睛问道：“怎么了？电话老占线？”

每日记事

名言警句

马行千里不失蹄，只因步步谨慎；人生一世少错误，就在警钟常鸣。

2015/2/17　农历腊月廿九　星期二

问：潜水电泵由哪些部分组成？其工作原理是什么？

答：

潜水电泵的工作原理和离心泵是一样的。潜水电泵机组由水泵、潜水电机（包括电缆）、输水管和控制开关4部分组成。潜水泵为单吸多级立式离心泵；潜水电机为密闭充水湿式、立式三相鼠笼异步电动机，与水泵通过爪式或单键筒式联轴器直接相连，配备有不同规格的三芯电缆，起动设备为不同容量等级的空气开关和自耦减压气动器；输水管由不同直径的钢管制成，采用法兰联结；高扬程电泵采用闸阀控制。

代数老师对一学生家长抱怨道："你看看你儿子是怎么学数学的，90减去45等于下半场！"父亲道："嗯，我回去是得好好教导他了，他竟然没考虑到加时赛的情况。"

每日记事

名言警句

马行软地易失蹄，人贪安逸易失志。

问：潜水电泵的安全使用注意事项有哪些？

答：

（1）安装漏电保护器。

（2）电源电压异常禁止开机。潜水泵在作业中，若低于额定电压10%以下、高于额定电压10%以上，应使电机停止运转，找出原因并排除故障。

（3）避免频繁开关潜水泵。由于电泵停转时会产生回流，若立即开机，会使电机负载启动，导致启动电流过大而烧坏绕组。

（4）禁止潜水电泵长期超负荷工作。

（5）电机的旋转方向要正确，反转时间过长会损坏电机绕组。

（6）潜水泵下水或提出时切勿使电缆受力，以免引起电源线断裂。潜水泵工作时不要沉入泥中，否则会导致电机散热不良而烧毁电机绕组。安装时，电机的绝缘电阻不应低于0.5兆欧。

（7）平时要经常检查电机，如发现下盖有裂纹、橡胶密封环损坏或失效等现象，应及时更换或修复，以避免水渗入潜水泵。

父亲对女儿的男友严厉地说：“你每天只带我女儿看电影，就不能做点别的事？”年轻人又惊又喜：“您是说可以做其他的事儿了吗？”

每日记事

名言警句

毛毛细雨湿衣裳，点点私心毁名节。

问：水泵常见故障有哪些？如何有效地排除故障？

答：

（1）水泵不出水。可采取排除底阀故障、灌满引水、清除淤塞物、纠正转向、清洗叶轮等措施。

（2）泵体剧烈振动或产生噪音。可采取装稳水泵或降低水泵的安装高度；更换电机滚珠轴承；矫正弯曲的水泵主轴或调整好水泵与电机的相对位置等措施。

（3）管路漏水或漏气。若渗漏不严重，可在漏气或漏水的地方涂抹水泥或涂用沥青油拌和的水泥浆，临时性的修理可涂些湿泥或软肥皂。若在接头处漏水则可用扳手拧紧螺帽，如漏水严重则必须重新拆装。

（4）填料过热。可适当放松填料、清理封管堵塞。填料磨损后必须更换为新填料。

（5）泵轴弯曲。可用手动螺杆矫正器矫正，但用力不可过猛。若泵轴裂缝或折断，可采取焊补、焊接或煅接，再经回火、车削研磨即可。

一外国旅游者参观果园，边走边吹牛：“在我国橘子看上去就像足球，香蕉树就像铁塔。”说着绊倒在一堆西瓜上。一果农大声道：“当心我们的葡萄”。

每日记事

名言警句

没有比脚更远的路，没有比人更高的山！

问：常用的养鱼机械有哪些？

答：

（1）黑光灯。黑光灯是一种特殊光源，发射波长为 3300 ～ 4000 埃，功率一般为 20 瓦。利用昆虫的趋光性，能够强烈地诱引昆虫。具有投资小、成本低、效益高的优点。池塘有 220 伏电源即可安装使用。

（2）增氧机。增氧机是增加水中溶氧量的装置。其作用是通过机械方法加强水与空气的接触、混合，并通过池水上下对流使氧气溶入水中，从而增加水中的溶氧量，使水中的氨、一氧化碳、硫化氢等有害气体逸出水面，从而净化水质；还可使水温和水质均匀，从而促进鱼类的新陈代谢、增大摄食量、降低饲料系数、提高增肉率。按工作方式可分为：叶轮式增氧机、水车式增氧机、喷水式增氧机、充气式增氧机和射流式增氧机。

（3）颗粒饲料机。按制造的颗粒性状可分为软颗粒、硬颗粒、膨化颗粒饲料机，按制造颗粒方式可分为平模式、环模式、螺杆式颗粒饲料机。

（4）投饵机。投饵机是用于抛撒饵食饲料、实现定点投喂的一种渔业机械。投饵机抛撒面积大、抛撒均匀，有利于鱼的摄食，从而提高饵料的利用率，降低饵料系数。按适用范围不同，投饵机可分为小水体专用型、网箱专用型和普通池塘使用型 3 种，在结构上均由料斗、下料装置、抛撒装置和控制器 4 部分组成，三者的区别主要是抛撒装置不同。

一领导演讲：“孩子是祖国的花朵，是成长的树苗，但人们不断超生，将来会有什么后果？”台下一人回答：“绿化祖国。”

每日记事

名言警句

没有播种，何来收获；没有辛苦，何来成功；没有磨难，何来荣耀；没有黯淡，何来辉煌。

问：常见自动投饵机是如何工作的？

答：

自动投饵机主要由输送系统和投饵系统 2 部分组成，动力源采用双电机转动。输送系统由输送减速电机带动旋转式供料器进行物料输送。输送搅龙引导饲料从料斗顺利落到高速旋转的叶轮盘上。输送减速电机转速恒定，其运行时间长短决定供料的多少。投饵系统采用离心抛料装置，投饵电机带动叶轮盘，为饲料提供抛洒的初始速度。投饵电机的转速决定投饵距离。自动控制系统的输入部分可设定鱼用投饵机各控制参数的控制挡位。通过输送减速电机来控制供饵时间和停饵时间，以及控制投饵机的投饵量和投饵速度；通过控制投饵电机的转速来控制投饵距离，过零检测电路为系统提供控制时钟和投饵电机控制的同步信号。

有次等公共汽车时，开过去一辆宝马，旁边一位高人对他身边的人说：“看，刚过去那辆就是 IBM。”

每日记事

名言警句

没有青春的爱情有何滋味？没有爱情的青春有何意义？

——拜伦

2015/2/27　农历正月初九　星期五

问：增氧机的工作原理是什么？

答：

利用机械部件搅动水体，促进对流交换和界面更新；把水分散为细小雾滴，喷入空气，增加水－气的接触面积；通过负压吸气，令气体分散为微气泡，压入水中增加水的含氧量。

酒楼有一鹦鹉非常有礼貌，客人迈左脚，它说：“欢迎光临。”客人迈右脚，它说：“欢迎再来。”游客听后突有奇想，向前一蹦，只听鹦鹉说：“吓我一跳！”

每日记事

名言警句

每一个成功者都有一个开始。勇于开始，才能找到成功的路。

问：水稻生产机械化作业工艺流程有哪些？

答：

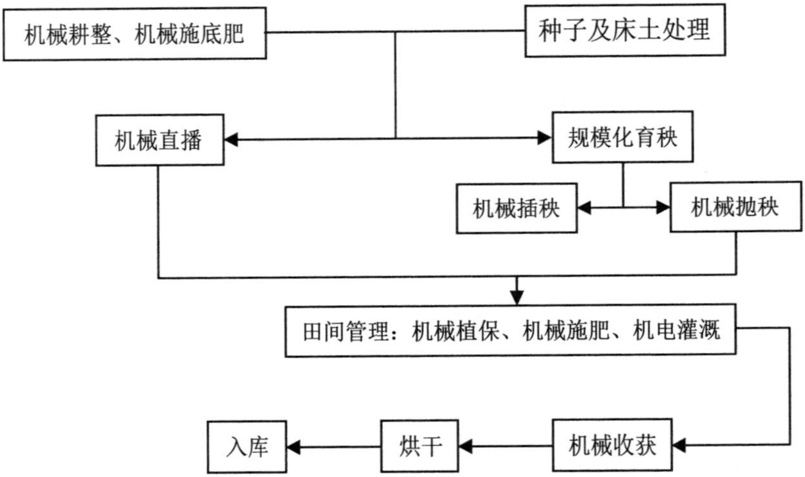

消防队：“哪里着火了？”报警人：“我家。”消防队：“我是问在什么地方？”报警人：“在厨房。”消防队：“我是说我们怎么去？”报警人：“你们不是有消防车吗？”

每日记事

名言警句

每一种创伤，都是一种成熟。

问：水稻生产机械化技术主要有哪些？

答：

（1）水田耕整地机械化技术。使用与各类拖拉机、机耕船等动力机械配套的铧式系列犁、水田耙、旋耕机以及水田耕整机等作业机械来完成育秧、插秧（或直播）前的耕、耙、耖（平地）等作业的技术。

（2）水稻制种育秧机械化技术。包括种子烘干、筛选药物处理技术、工厂化育秧和催芽及杂交稻制种（机械采粉、冷冻、贮存和授粉）等方面的机械化技术。

（3）水稻轻型栽培机械化技术。包括机械插秧技术及机械化高速插秧技术、机械抛秧技术、机械摆秧技术和水稻直播机械化技术。

（4）田间管理机械化技术。包括化肥深施和追肥机械化技术、机械植保技术、节水节能的排灌机械化技术、秸秆还田和田间运输机械化技术。

（5）水稻收获机械化技术。包括分段收获（收割与脱粒分开作业）和联合收获机械化技术。目前收获机具已形成系列，根据地域适用性选择机具，在北方宜推广大中型联合收获机械，南方宜推广中小型联合收割机和分段收割与脱粒机械。

（6）烘干机械化技术。包括移动式和固定式机械化烘干技术。

甲乙二人对花木兰从军发表评论。甲：这故事一定是假的，吃喝拉撒睡都在一起一定会被看穿的！乙：笨！换了你和她睡一个铺，你会告发吗！？

每日记事

名言警句

每一种挫折或不利的突变，是带着同样或较大的有利的种子。

——爱默生

问：如何选择水田耕整地机具？

答：

选择耕整机械应综合考虑水田泥脚深度、田块大小形状、土壤性能、土壤比阻、作业总量、购买能力等因素，选择经济适用的机械化技术装备。一般情况，50型、25型中拖及配套作业机具适用于田块0.13公顷（2亩）以上、泥脚深度小于25厘米的连片种植地区；手拖、小型耕整机适用于田块1亩左右、泥脚深度小于20厘米的丘陵山区或小田块地区；机耕船适用于田块0.13公顷（2亩）以上、泥脚深度大于30厘米的平原、湿烂、滨湖地区。

一人排长队上厕所。总算前面只剩一人了，他说："憋不住了，能让我先上吗？"前面的人半晌挤出一句："你他妈至少还能说话！"

每日记事

名言警句

美德或丑恶，道德上的善与恶，都是对社会有利或有害的行为；在任何地点、任何时代，为公益做出最大牺牲的人，都是人们称为最道德的人。

——伏尔泰

问：微耕机按传动类型怎么分类？其工作原理是什么？

答：

常用的微耕机机型有直联传动型和皮带传动型 2 种。

直联传动微耕机：发动机与变速箱之间通过法兰盘直接相连，动力通过湿式摩擦离合器直接传递到变速箱内，变速箱与行走箱各为一体，通过拨动主轴、倒挡轴上的双联直齿轮，可实现快挡、慢挡和倒挡的切换，再通过两组直锥齿轮换向、减速后将动力输出。

皮带传动微耕机：动力通过皮带传递到变速箱，用张紧皮带的方式来实现动力的离合。变速箱体多为整体式结构，其上为变速部分，其下为动力输出部分，动力输出部分与变速部分之间一般采用链条传动。

老师：“你的题为《抢救亲人》的作文怎么连一个标点符号也没有？”学生：“那么急的事怎么能停顿呢？”

每日记事

名言警句

面对困难，许多人望而却步，而成功的人士往往非常清楚，只要敢于和困难拼搏一番，就会发现，困难不过如此！

问：微耕机常见故障有哪几类？如何进行故障排除？

答：

（1）离合器失效：①更换摩擦片；②更换弹簧；③更换内轴承。

（2）箱体渗漏：补焊或涂底漆补漏。

（3）变速箱连接处漏油：①拧紧联接螺栓；②更换密封。

（4）主轴后盖漏油：①更换O形圈；②更换骨架油封。

（5）从动轴漏油：①拧紧从动轴螺栓；②更换O形圈。

（6）输出轴套处圆面漏油：更换骨架油封。

（7）输出轴套内六方孔漏油严重：轴套键槽破裂，需更换。

（8）变挡支臂轴处漏油：更换O形圈。

（9）发热过度：①按要求加机油；②重新装配齿轮；③重新调整轴承游隙。

（10）发动机的故障及排除方法见发动机说明书。

今天一同事颠颠地跑过来小声跟我说：“我觉得你像古代的一位君王。”我龙颜大悦问道：“朕像谁？”“春秋时期的越王。”“为什么？”“因为你够贱”。

每日记事

名言警句

民生在勤，勤则不匮。

问：旋耕机的主要构成有哪些？其工作原理是什么？

答：

旋耕机是一种工作部件主动旋转，以铣切原理加工土壤的耕耘机械。主要由 3 部分组成：①工作部件，包括左右弯刀片、刀轴、刀座和接头轴；②传动部件，包括齿轮变速箱和传动箱；③辅助部件，包括机架、挡泥罩和平地拖板等。

其工作原理为：旋耕机刀片在动力的驱动下一边旋转，一边随机组直线前进，在旋转中切入土壤，并将切下的土块向后抛掷，与挡土板撞击后进一步破碎并落向地表，然后被拖板拖平。

小松问小明："如果你考试不及格，你的父母会怎么对待你？""80 分以下是女子单打。70 分以下是男子单打。如果是 60 分以下是男女混合双打！"

每日记事

名言警句

敏而好学，不耻下问。

——孔子

问：旋耕机作业前应进行哪些调整？

答：

（1）旋耕机左右水平的调整。让刀尖的部位能够挨着地面，看看左右刀尖与地面的距离是不是一样的，如果不同，就要调节右悬挂杆的高度，确保左右耕深一致。

（2）旋耕机提升高度的调整。调节旋耕机悬挂机钩上拉杆，保证旋耕机在运行的时候万向节夹角不要超过 10°，在地头转弯时不要超过 30°。平时操作旋耕机的时候，要限制调节手柄的位置。

我的工资全取出来后竟然没有手机厚，我要努力，我要奋斗，争取早点换个薄的手机。

每日记事

名言警句

名必有实，事必有功。

问：旋耕机悬挂机构如何使用？

答：

在操作旋耕机的时候，只能使用位调节，确保力调节的手柄处于“提升”位置，禁止操作力调节；将位调节手柄向前下方推动能够使旋耕机下降，如果要让旋耕机上升就往反方向推动；耕深达到预期的深度时，就用定位手轮把调节手柄固定住，使每次旋耕机运作的时候都能下降到一样的深度。

旋耕机运作时，分配器手柄置于“浮动”位置；当旋耕机下降到一定深度时，用定位卡箍挡块来固定手柄位置；在旋耕机下降达到目标深度之前，不要使用“压降”位置，如果使用可能会让旋耕机出现故障；要快速切换手柄的位置，让旋耕机达到上升或下降的目的。

猎人遇到老虎，故作镇定，用可怕的眼神瞪老虎。突然老虎双手合十跪了下来，猎人得意地说：“知道厉害了吧！”少顷，老虎幽幽地说：“祷告完毕，准备用餐。”

每日记事

名言警句

名节重泰山，利欲轻鸿毛。

——于谦《无题》

问：标准是如何分类的？

答：

根据适用范围分为国家标准、行业标准、地方标准和企业标准；根据法律的约束性分为强制性标准、推荐性标准和标准化指导性技术文件；根据标准的性质分为技术标准、管理标准和工作标准；根据标准化的对象和作用分为基础标准、产品标准、方法标准、安全标准、卫生标准和环境保护标准。

语文课上，老师说："现在每人造一个句子，然后改成命令式。"小华说："牛拉车。"老师说："请把它改成命令式。"小胖举手说："吁……驾。"

每日记事

名言警句

明日复明日，明日何其多！我生待明日，万事成蹉跎。

问：农业机械推广鉴定的申请者和产品有什么要求？

答：

农业机械推广鉴定坚持自愿原则。推广鉴定的申请者应当是具有企业法人资格的农业机械生产者，具备稳定生产合格产品的条件和相应的售后服务能力，生产、经营活动正常。

境外农业机械生产者可以委托境内销售其农业机械产品的具有企业法人资格的销售者代理申请。

申请部级推广鉴定的产品应当是定型产品，批量生产 1 年以上，在 2 个以上省（自治区、直辖市）销售。累计销售量满足如下要求：小型农业机械产品不少于 500 台，中型农业机械产品不少于 100 台，大型农业机械产品（或成套设备）不少于 30 台（套）。对国家重点推广、农业生产急需或创新型产品可适当放宽要求。

申请省级推广鉴定的产品，销售区域和累计销售量等要求由各省、自治区、直辖市人民政府农业机械化行政主管部门确定。

“各位女士，各位先生”，这是机长广播。“欢迎各位搭乘本公司的班机，我们公司的空服员里，有很多是民航业界里最称职、最尽心而且最漂亮的。但是很抱歉，她们今天都不在本班机上。”

每日记事

名言警句

铭记“生命线”，分清“是非线”；修筑“防腐线”，不踩“高压线”。

问：哪些情况下不予受理推广鉴定申请？

答：

（1）未列入最新公布的推广鉴定产品种类指南的产品。

（2）销售量、销售区域不满足要求。

（3）国家明令淘汰的产品。

（4）申请材料不齐全或内容不符合要求。

（5）应当不予受理的其他情形。

年底了，经理召开员工大会：“同事们辛苦一年了，公司决定变相加薪。”大伙正在兴奋，经理又说：“以前迟到扣一百，现在开始扣五十。以后，谁迟到谁占便宜。”

每日记事

名言警句

莫道桑榆晚，为霞尚满天。
——刘禹锡《酬乐天咏老见示》

问：农机产品质量投诉监督站受理投诉的范围是什么？对投诉人有什么要求？

答：

农业部《农业机械质量投诉监督管理办法》第三条规定：“凡因农业机械产品质量、作业质量、修理质量和售后服务引起的争议，均可向农业机械质量投诉监督机构投诉”。

投诉人应是具备民事行为能力从事农业生产的农业机械所有者或使用者，也就是说经销商、生产企业不具备投诉者资格，他们之间的质量纠纷不在农业机械质量投诉监督机构受理投诉范围之内。

从小时候开始，我就善于把今天要做的事拖到明天，把明天要做的事拖到明天的明天，最后拖都拖烦了，干脆一次性拖到第 N 个明天，然后我称它为理想。

每日记事

名言警句

哪里有天才，我是把别人喝咖啡的工夫都用在工作上的。

——鲁迅

2015/3/18　农历正月廿八　星期三

问：农机产品质量投诉监督站对哪些投诉不予受理？

答：

（1）没有明确的质量诉求和被投诉方的。

（2）在国家规定和生产企业承诺的“三包”服务之外发生质量纠纷的（因农业机械产品质量缺陷造成人身、财产伤害的除外）。

（3）法院、仲裁机构、有关行政部门、地方消费者协会或其他农业机械质量投诉监督机构已经受理或已经处理的。

（4）争议双方曾达成调解协议并已履行，且无新情况、新理由、新证据的。

（5）其他不符合有关法律、法规规定的。

除夕一定要打的电话：“喂、假日办么！”“是的，请问有什么可以帮您的？”“没事，就是确定下你们是不是在上班。”

每日记事

名言警句

你不能同时又有青春又有关于青春的知识。因为青春忙于生活，而顾不得去了解；而知识为着要生活，而忙于自我寻求。

——纪伯伦

问：农机产品生产者、销售者、修理者的三包责任是如何规定的？

答：

根据2010年6月1日起施行的《农业机械产品修理、更换、退货责任规定》（本书简称《农业机械三包规定》）第四十三条规定，生产者是指生产、装配及改装农机产品的企业。农机产品的供货商或进口者视同生产者承担三包责任。销售者是以其名义向农机用户直接交付农机产品收取货款、开具购机发票的单位或者个人。生产者直接向农机用户销售农机产品的视同本规定中的销售者。修理者是指与生产者或销售者订立代理修理合同，在三包有效期内，为农机用户提供农机产品维护、修理的单位或者个人。

根据《农业机械三包规定》第四条、第五条规定，农机产品实行谁销售谁负责三包的原则。销售者对售出的农机产品必须依法承担三包责任，换货或退货后，属于生产者的责任的，可以依法向生产者追偿。在三包有效期内，因修理者的过错造成他人损失的，依照有关法律和代理修理合同承担责任。本规定是生产者、销售者、修理者向农机用户承担农机产品三包责任的基本要求。国家鼓励生产者、销售者、修理者做出更有利于维护农机用户合法权益的、严于本规定的三包责任承诺。

销售者与农机用户另有约定的，销售者的三包责任依照约定执行，但约定不得免除依照法律、法规以及本规定应当履行的义务。

游客：“大师，请问那边的草房子是厕所吗？”
和尚：“除了那间草房子，其余的地方都是。”

每日记事

名言警句

你什么时候放下，什么时候就没有烦恼。

问：农机产品生产者应当履行哪些义务？

答：

根据《农业机械三包规定》第七条、第八条、第九条、第十条和第十一条规定，生产者应当履行下列义务：

（1）生产者应当建立农机产品出厂记录制度，严格执行出厂检验制度，未经检验合格的农机产品，不得销售。依法实施生产许可证管理或强制性产品认证管理的农机产品，应当获得生产许可证证书或认证证书并施加生产许可证标志或认证标志。

（2）农机产品应当具有产品合格证、产品使用说明书、产品三包凭证等随机文件。

（3）生产者应当在销售区域范围内建立农机产品的维修网点，与修理者签订代理修理合同，依法约定农机产品三包责任等有关事项。

（4）生产者应当保证农机产品停产后 5 年内继续提供零部件。

（5）生产者应当妥善处理农机用户的投诉、查询，提供服务，并在农忙季节及时处理各种农机产品三包问题。

我们部门有个胖子，当初入职的时候是 240 斤，他说：“我上班就是来减肥的，减到 200 斤就不干了。”这可好，四年过去了，现在离最初的目标就差 70 斤了！

每日记事

名言警句

你应该小心一切假知识，它比无知更危险。

——萧伯纳

问：农机产品销售者应当履行哪些义务?

答：

根据《农业机械三包规定》第十二条、第十三条、第十四条、第十五条和第十六条规定，销售者应当履行下列义务：

（1）销售者应当执行进货检查验收制度，严格审验生产者的经营资格，仔细验明农机产品合格证明、产品标识、产品使用说明书和“三包”凭证。对实施生产许可证管理、强制性产品认证管理的农机产品，应当验明生产许可证证书和生产许可证标志、认证证书和认证标志。

（2）销售者销售农机产品时，应当建立销售记录制度，并按照农机产品使用说明书告知以下内容：①农机产品的用途、适用范围、性能等；②农机产品主机与机具间的正确配置；③农机产品已行驶的里程或已工作时间及使用的状况。

（3）销售者交付农机产品时，应当符合下列要求：①当面交验、试机；②交付随附的工具、附件、备件；③提供财政税务部门统一监制的购机发票、三包凭证、中文产品使用说明书及其他随附文件；④明示农机产品三包有效期和三包方式；⑤提供由生产者或销售者授权或委托的修理者的名称、联系地址和电话；⑥在三包凭证上填写销售者有关信息；⑦进行必要的操作、维护和安全注意事项的培训。

对于进口农机产品，还应当提供海关出具的货物进口证明和检验检疫机构出具的入境货物检验检疫证明。

（4）销售者应当妥善处理农机产品质量问题的咨询、查询和投诉。

农夫挑担大粪，老外看到后问：“大爷，这酱多少钱一斤？”农夫不语，老外用手沾了点放进嘴里，心想：“你不告诉我多少钱一斤，我也不告诉你，你的酱都臭了。”

每日记事

名言警句

攀比是产生烦恼的根源。

问：如何计算农业机械产品的“三包”有效期？

答：

根据《农业机械三包规定》第二十四条、第三十一条和第三十四条规定，农业机械产品的“三包”有效期是这样计算的：

（1）整机“三包”有效期、主要部件质量保证期、易损件和其他零部件的质量保证期，均自销售者开具购机发票之日起，至规定的有效期满之日止。如购买联合收割机，开具发票日期为2014年4月5日，整机“三包”有效期为1年，则整机“三包”有效期限为2014年4月5日至2015年4月4日；主要部件质量保证期为2年，则主要部件质量保证期的有效期限为2014年4月5日至2016年4月4日。

（2）在“三包”有效期内，符合《农业机械三包规定》更换主要部件的条件或换货条件的，更换后的主要部件的质量保证期或更换后的整机产品的“三包”有效期自更换之日起重新计算。

（3）农业机械产品“三包”有效期内，销售者不履行“三包”义务的，或者农机产品需要进行质量检验或鉴定的，“三包”有效期自农机用户的请求之日起中止计算，“三包”有效期按照中止的天数延长；造成直接损失的，应当依法赔偿。

看了几天《甄嬛传》，跟室友说话开始拿腔拿调的，“咦，你今儿买的蛋糕是极好的，厚重的芝士配上浓郁的慕斯，是最好不过的了。我愿多品几口，虽会体态渐腴，倒也不负你的好意。”“说人话！”“蛋糕真好吃，我还要再吃一块。”

每日记事

名言警句

抛弃时间的人，时间也抛弃他。

——莎士比亚

问：农业机械产品“三包”有效期内如何换货？

答：

根据《农业机械三包规定》第二十八条、第二十九条、第三十条和第三十一条规定，农业机械产品“三包”有效期内应这样换货：

（1）三包”有效期内送修的农业机械产品，自送修之日起超过30日未修理好，农业机械用户可以选择继续修理或者换货。要求换货的，销售者应当凭“三包”凭证、维修记录、购机发票免费更换同型号同规格的产品。

（2）业机械产品在“三包”有效期内，农业机械产品出现同一严重质量问题。累计修理2次后仍出现同一质量问题无法正常使用的；或农机产品购机的第一个作业季开始30日内，除因易损件外，农业机械产品因同一质量问题累计修理2次后，又出现同一质量问题的，农业机械用户可以凭“三包”凭证、维护和修理记录、购机发票，选择更换相关的主要部件或系统，由销售者负责免费更换。

（3）农业机械产品在“三包”有效期内或农业机械产品购机的第一个作业季节30日内，农业机械产品因按规定更换主要部件或系统后，又出现相同质量问题，农业机械用户可以选择换货，由销售者负责免费更换。

（4）在“三包”有效期内，符合更换主要部件的条件或换货条件的，销售者应当提供新的、合格的主要部件或整机产品，并更新“三包”凭证，更换后的主要部件的质量保证期或更换后的整机产品的“三包”有效期自更换之日起重新计算。

米的妈妈是谁？答案：米的妈妈是花（花生米）

每日记事

名言警句

脾气暴躁是人类较为卑劣的天性之一，人要是发脾气就等于在人类进步的阶梯上倒退了一步。

——达尔文

问：农业机械产品“三包”有效期内如何退货？

答：

根据《农业机械三包规定》第三十条、第三十一条和第三十二条规定，农业机械产品“三包”有效期内应这样退货：

（1）三包有效期内或农机产品购机的第一个作业季开始30日内，农机产品因本规定第二十九条的规定更换主要部件或系统后，又出现相同质量问题，农机用户可以选择换货，由销售者负责免费更换；换货后仍然出现相同质量问题的，农机用户可以选择退货，由销售者负责免费退货。

（2）符合退货条件或因销售者无同型号同规格产品予以换货的，农机用户要求退货的，销售者应当按照购机发票金额全价一次退清货款。

（3）因生产者、销售者未明确告知农机产品的适用范围而导致农机产品不能正常作业的，农机用户在农机产品购机的第一个作业季开始30日内可以凭三包凭证和购机发票选择退货，由销售者负责按照购机发票金额全价退款。

米的爸爸是谁？答案：米的爸爸是蝶（蝶恋花）

每日记事

名言警句

贫困有多种根源，但主要的根源还是无知。

——约翰逊

问：哪些情况不予实行“三包”？

答：

根据《农业机械三包规定》第三十七条和三十八条规定：

（1）销售者、生产者、修理者能够证明发生下列情况之一的，不承担“三包”责任：①农业机械用户无法证明该农业机械产品在“三包”有效期内的；②产品超出“三包”有效期的。

（2）销售者、生产者、修理者能够证明发生下列情况之一的，对于所涉及部分，不承担“三包”责任：①因未按照使用说明书要求正确使用、维护，造成损失的；②使用说明书中明示不得改装、拆卸，而自行改装、拆卸改变机器性能或者造成损失的；③发生故障后，农业机械用户自行处置不当造成对故障原因无法做出技术鉴定的；④因非产品质量原因发生其他人为损坏的；⑤因不可抗力造成损失的。

米的爱人是谁？答案：老鼠（老鼠爱大米）

每日记事

名言警句

平静的湖面锻炼不出精悍的水手；安逸的生活打造不出生活的强者。

问：三包凭证丢失或所有权发生转移，还能继续享受三包权利吗?

答：

依据《农业机械三包规定》第二十五条：农机用户丢失三包凭证，但能证明其所购农机产品在三包有效期内的，可以向销售者申请补办三包凭证，并依照本规定继续享受有关权利。销售者应当在接到农机用户申请后 10 个工作日内予以补办。销售者、生产者、修理者不得拒绝承担三包责任。

在三包有效期内发生所有权转移的，三包凭证和购机发票随之转移，农机用户凭原始三包凭证和购机发票继续享有三包权利。

米的外婆是谁？答案：米的外婆是妙笔（妙笔生花）

每日记事

名言警句

其身正，不令而行；其身不正，虽令不从。

问：《农业机械三包规定》对农机产品“三包”有效期及主要部件质量保证期是如何规定的？

答：

《农业机械三包规定》 对农机产品“三包”有效期及主要部件质量保证期做出如下规定：（1）内燃机（指内燃机作为商品出售给农业机械用户的内燃机）：①整机三包有效期：柴油机：多缸1年、单缸9个月，汽油机：二冲程3个月、四冲程6个月；②主要部件质量保证期：柴油机：多缸2年、单缸1.5年，汽油机：二冲程6个月、四冲程1年；③主要部件应当包括内燃机机体、气缸盖和飞轮等。（2）拖拉机：①整机三包有效期：大、中型拖拉机（18千瓦以上）1年，小型拖拉机9个月；②主要部件质量保证期：大、中型拖拉机2年，小型拖拉机1.5年；③主要部件应当包括内燃机机体、气缸盖、飞轮、机架、变速箱箱体、半轴壳体、转向器壳体、差速器壳体、最终传动箱箱体、制动毂、牵引板和提升壳体等。（3）联合收割机：①整机三包有效期：1年；②主要部件质量保证期：2年；③主要部件应当包括内燃机机体、气缸盖、飞轮、机架、变速箱箱体、离合器壳体、转向机和最终传动齿轮箱体等。（4）插秧机：①整机三包有效期：1年；②主要部件质量保证期：2年；③主要部件应当包括机架、变速箱体、传动箱体、插植臂、发动机机体、气缸盖和曲轴等。（5）内燃机、拖拉机、联合收割机、插秧机以外的其他农业机械产品的整机“三包”期及其主要部件或系统的名称和质量保证期由生产者明示在“三包”凭证上，且有效期不得少于1年。（6）内燃机作为农业机械产品配套动力的，其“三包”有效期和主要部件的质量保证期按农业机械产品的整机“三包”有效期和主要部件质量保证期执行。（7）农业机械产品的易损件及其他零部件的质量保证期达不到整机“三包”有效期的，其所属的部件或系统的名称和合理的质量保证期由生产者明示在三包凭证上。

米的外公是谁？答案：米的外公是爆（爆米花）

每日记事

名言警句

勤奋者废寝忘食，懒惰人总没有时间。

附件：2013年重庆农村社会经济常用统计表

（备注：本附件所有数据均来源于国家统计局重庆调查总队、重庆市统计局）

附表1-1　人口就业、国民经济核算

指　标	计量单位	2012年	2013年	增减(%)
一、人口与就业				
年末总户数	万户	1221	1237	1.3
年末户籍人口	万人	3343	3358	0.4
年末常住人口	万人	2945	2970	0.8
二、国民经济核算				
地区生产总值	亿元	11409.60	12656.69	12.3
第一产业	亿元	940.01	1002.68	4.7
第二产业	亿元	5975.18	6397.92	13.4
第三产业	亿元	4494.41	5256.09	12.0
第一产业比重	%	8.2	7.9	-0.3
第二产业比重	%	52.4	50.5	-1.9
第三产业比重	%	39.4	41.5	2.1
人均地区生产总值	元	38914	42795	11.3

注：人均地区生产总值按常住人口计算。国民经济核算为快报数，其绝对值、比重按当年价格计算，增速按可比价格计算。

附表1-2　投资、国内外贸易、旅游

指　标	计量单位	2012年	2013年	增减(%)
三、固定资产投资				
全社会固定资产投资总额	亿元	9380.00	11205.03	19.5
城　镇	亿元	8462.03	9789.00	15.7
农　村	亿元	917.97	1416.03	54.3
四、国内贸易				
社会消费品零售总额	亿元	3961.19	4511.77	14.0
城镇	亿元	3765.47	4287.05	13.9
乡村	亿元	195.72	224.72	14.8
五、对外贸易与利用内、外资				
进出口总值	亿美元	532.04	687.04	29.1
实际利用外商直接投资	亿美元	35.24	41.44	17.6
实际利用内资	亿元	5914.64	6007.20	1.6
六、国际旅游				
国际旅游人数	万人次	224.28	242.26	8.0
旅游外汇收入	亿美元	11.68	12.68	8.6

注：根据国家制度中，取消固定资产投资农村投资下面的农户和非农户的分组。

附表 1-3　卫生、财政金融、人民生活

指　　标	计量单位	2012 年	2013 年	增减(%)
七、卫　生				
医院、卫生院	个	1405	1502	6.9
执业（助理）医师	人	51990	55221	6.2
卫生机构床位数	张	130813	147436	12.7
八、财政金融				
公共财政预算收入	亿元	1465.85	1693.24	15.5
公共财政预算支出	亿元	2717.79	3062.28	12.7
个人存款	亿元	8472.51	9866.12	16.5
九、人民生活				
城镇居民人均可支配收入	元	22968.14	25216.13	9.8
城镇居民人均消费性支出	元	16573.14	17813.86	7.5
农村居民人均纯收入	元	7383.27	8331.97	12.8
农村居民人均生活消费支出	元	5018.64	5796.36	15.5

附表 2-1　农村基本情况

指　　标	2012 年	2013 年	增减 (%)
一、乡镇个数	913	916	0.3
# 镇个数	609	607	-0.3
村委会个数	8480	8428	-0.6
# 自来水受益村数	6173	6446	4.4
# 通汽车村数	8474	8421	-0.6
# 通电话村数	8478	8428	-0.6
二、乡村户数	724.1	718	-0.8
乡村人口	2303.1	2267.7	-1.5
乡村从业人员数	1365.3	1328.8	-2.7
其中：农业从业人员	586.9	563.7	-4.0
三、农村户籍人口数	2026.2	2014.4	-0.6
四、农村劳动力资源总数	1450.5	1443.3	-0.5

附表 2-2　农业生产条件

指　　标	计量单位	2012 年	2013 年	增减（%）
一、乡村办水电站	个	745	798	7.1
装机容量	万千瓦	50.9	62.4	22.6
发电量	万千瓦时	227076	245330	8.0
农村用电量	万千瓦时	738000	761193	3.1
农用运输车	辆	38200	43430	13.7
渔用机动船	艘	5635	5349	-5.1
二、化肥施用量（折纯量）	万吨	96	96	0.0
农药使用量	吨	19480	18354	-5.8
农用柴油使用量	万吨	19	22	15.8
农用塑料薄膜使用量	吨	40928	42860	4.7
# 地膜使用量	吨	20916	22210	6.2
地膜覆盖面积	万亩	315	346	9.8
三、水利工程基本情况				
1、水利工程处（累计数）	处	192959	210417	9.0
耕地有效灌溉面积	万亩	991.0	1012.8	2.2
实际灌溉面积	万亩	711.96	715.8	0.5
2、水利工程实际供水量	万立方米	827964	837681.0	1.2
# 乡村生活供水量	万立方米	152436.0	156105.0	2.4
农业灌溉	万立方米	233841	227998.0	-2.5
4、水土保持				
水土流失面积	平方公里	31363	31363.0	0.0
治理水土流失面积（本年）	平方公里	660	970.5	47.0
治理水土流失面积（累计）	平方公里	24897.3	25761.4	3.5

注：水利情况数据来源于市水利局，由于部分指标统计口径发生变化，上年数有所调整。
1 公顷 =15 亩。

续附表 2-2

指　标	计量单位	2012 年	2013 年	增减（%）
四、农业机械化情况				
1、农业机械总动力	万千瓦	1162	1199	3.2
柴油发动机动力	万千瓦	626	589	-5.9
汽油发动机动力	万千瓦	166	215	29.5
电动机动力	万千瓦	370	395	6.7
2、耕作机械				
大中型拖拉机	台	3678	3773	2.6
	万千瓦	11.6	12	3.4
小型拖拉机	台	7712	7812	1.3
	万千瓦	9.2	9.4	1.7
耕整机	万台	47.5	58.1	22.4
3、农用排灌动力机械	万台	93.2	96.2	3.2
	万千瓦	289	296	2.4
# 柴油机	万台	15.8	14.0	-11.4
	万千瓦	80.4	73.9	-8.0
电动机	万台	74.9	75.9	1.4
	万千瓦	122.9	126.0	2.5
农用水泵	万台	96.2	98.9	2.8
4、收获机械				
# 联合收割机	台	4483	5756	28.4
	万千瓦	9.6	11.5	19.8
5、当年实际机播地面积	万亩	182.8	187.0	2.3
6、当年实际机械收获面积	万亩	384.3	408.8	6.4
7、乡村农机人员合计	万人	101.5	110.3	8.7

注：农业机械方面数据来源于重庆市农委。

附表 2-3　农村经济总量

指　标	计量单位	2012 年	2013 年	增减（%）
一、农村经济总量	亿元	3011.23	3269.28	10.4
第一产业	亿元	940.04	1016.74	4.7
第二产业	亿元	1298.78	1412.33	13.5
第三产业	亿元	772.41	840.2	12.0
第一产业比重	%	31.2	31.1	-0.1
第二产业比重	%	43.1	43.2	0.1
第三产业比重	%	25.7	25.7	0
二、农林牧渔业总产值（当年价）	万元	14020347	15137376	4.6
农业产值	万元	8418088	9091758	4.3
# 粮　食	万元	2940263	3045408	0.8
蔬　菜	万元	3214250	3505436	5.3
林业产值	万元	434776	480170	8.0
牧业产值	万元	4539045	4828044	3.5
# 生　猪	万元	2507628	2609875	2.6
家　禽	万元	1417402	1058460	4.2
渔业产值	万元	449928	538155	17.0
农林牧渔服务业产值	万元	178510	199249	5.3

续附表 2-3

指　标	计量单位	2012 年	2013 年	增减(%)
三、农林牧渔业商品产值	万元	8700536	9484770	9.0
商品率	%	62.9	63.5	0.6
1、农业产值	万元	4473346	4919700	10.0
商品率	%	53.1	54.1	1.0
2、林业产值	万元	297416	331647	11.5
商品率	%	68.4	69.1	0.7
3、牧业产值	万元	3564682	3794872	6.5
商品率	%	78.5	78.6	0.1
# 生　猪	万元	1980993	2195284	10.8
商品率	%	79	79.1	0.1
4、渔业产值	万元	365092	438552	20.1
商品率	%	81.1	81.5	0.4
四、农林牧渔业增加值	万元	9400110	10167419	4.7
农业增加值	万元	6283861	6786737	4.3
林业增加值	万元	317590	350749	8.0
牧业增加值	万元	2321773	2469600	3.5
渔业增加值	万元	350943	419760	17.0
农林牧渔服务业增加值	万元	125943	140575	5.3
附：农业劳动生产率	元/人	16018	18037	12.6

附表 2-4　农产品生产价格指数

指　　标	第 1 季度	第 2 季度	第 3 季度	第 4 季度	全年
农产品生产价格指数	105.33	102.09	104.38	101.60	102.96
农业产品	106.84	102.07	105.07	102.41	103.08
谷　物	103.07	100.66	101.13	102.52	102.48
稻　谷	102.67	103.23	100.61	102.21	101.68
小　麦	0	0	0	0	0
玉　米	107.08	97.54	102.09	103.27	104.38
油　料	107.89	104.09	109.11	100.99	106.82
油菜籽	109.75	103.88	109.80	100.00	107.69
蔬　菜	107.13	101.43	106.14	102.71	103.66
水　果	107.83	102.16	107.78	111.01	108.04
林业产品	107.18	100.51	105.87	98.33	102.26
饲养动物及其产品	104.07	100.62	103.56	101.22	102.91
仔　猪	103.8	92.23	98.89	102.68	98.53
活　猪	102.4	99.14	103.18	99.88	101.68
牛	102.27	109.63	103.42	109.97	109.27
羊	111.45	103.75	108.16	113.38	110.40
家　禽	109.51	102.75	102.73	102.05	105.29
禽　蛋	104.4	102.61	106.68	101.64	104.40
渔业产品	117.42	112.07	102.04	102.04	102.04

注：季度为当期数，年度为累计数。

附表 2-5　主要农作物播种面积

指　标	计量单位	2012 年	2013 年	增减(%)
播种面积合计	万亩	5216.54	5273.69	1.1
1、粮　食	万亩	3389.41	3380.86	-0.3
①谷　物	万亩	1958.07	1938.18	-1.0
# 水　稻	万亩	1030.49	1032.99	0.2
玉　米	万亩	702.58	700.10	-0.4
小　麦	万亩	188.09	161.40	-14.2
②豆　类	万亩	345.18	354.03	2.6
# 大　豆	万亩	148.73	152.27	2.4
③薯　类	万亩	1086.16	1088.65	0.2
# 红　苕	万亩	560.91	554.25	-1.2
2、油　料	万亩	406.52	425.26	4.6
# 花　生	万亩	87.48	85.02	-2.8
油菜籽	万亩	306.84	323.41	5.4
3、麻　类	万亩	10.25	8.69	-15.2
# 苎　麻	万亩	10.13	8.59	-15.2
4、糖　料	万亩	5.06	4.42	-12.7
5、烟　叶	万亩	74.98	73.98	-1.3
# 烤　烟	万亩	57.02	64.42	13.0

附表 2-6　主要农作物单位面积产量

指　　标	计量单位	2012 年	2013 年	增减(%)
1、粮　食	千克／亩	335.9	339.6	1.1
①谷　物	千克／亩	408.1	415.2	1.7
#水　稻	千克／亩	483.3	487.0	0.8
玉　米	千克／亩	364.7	368.6	1.1
小　麦	千克／亩	204.4	208.8	2.1
②豆　类	千克／亩	130.5	130.0	-0.4
#大　豆	千克／亩	131.6	128.7	-2.2
③薯　类	千克／亩	271.0	273.2	0.8
#红　苕	千克／亩	314.0	317.1	1.0
2、油　料	千克／亩	123.3	125.0	1.4
#花　生	千克／亩	129.5	137.2	6.0
油菜籽	千克／亩	122.9	124.0	0.9
3、麻　类	千克／亩	99.4	108.9	9.6
#苎　麻	千克／亩	98.9	109.0	10.2
4、糖　料	千克／亩	2346.6	2472.8	5.4
5、烟　叶	千克／亩	137.2	130.6	-4.8
#烤　烟	千克／亩	133.4	127.9	-4.1

附表 2-7　主要农作物产量

指　　标	计量单位	2012 年	2013 年	增减(%)
1、粮　食	万吨	1138.54	1148.13	0.8
①谷　物	万吨	799.12	804.68	0.7
# 水　稻	万吨	498.00	503.08	1.0
玉　米	万吨	256.26	258.08	0.7
小　麦	万吨	38.45	33.70	-12.4
②豆　类	万吨	45.04	46.03	2.2
# 大　豆	万吨	19.57	19.60	0.2
③薯　类	万吨	294.38	297.43	1.0
# 红　苕	万吨	176.12	175.75	-0.2
2、油　料	万吨	50.11	53.14	6.0
# 花　生	万吨	11.33	11.66	2.9
油菜籽	万吨	37.71	40.10	6.3
3、麻　类	万吨	1.02	0.95	-6.7
# 苎　麻	万吨	1.00	0.94	-6.2
4、糖　料	万吨	11.88	10.93	-8.0
5、烟　叶	万吨	10.29	9.66	-6.1
# 烤　烟	万吨	7.61	8.24	8.3

附表 2-8　蔬菜、水果、茶叶生产情况

指　　标	计量单位	2012 年	2013 年	增减(%)
一、蔬菜播种面积	万亩	978.99	1022.56	4.5
# 基地	万亩	392.68	410.85	4.6
蔬菜总产量	万吨	1509.34	1600.64	6.0
# 基地	万吨	741.53	778.58	5.0
蔬菜大棚个数	个	149428	165426	10.7
蔬菜大棚面积	万亩	15.19	20.54	35.2
二、水果产量	万吨	291.19	318.86	9.5
园林水果	万吨	250.48	276.46	10.4
# 柑	万吨	21.89	22.35	2.1
橘	万吨	29.96	31.22	4.2
橙	万吨	95.97	97.3	1.4
柚	万吨	16.06	16.89	5.2
梨	万吨	34.10	36.01	5.6
桃	万吨	10.15	10.6	4.4
葡萄	万吨	6.28	7.21	14.8
瓜果类	万吨	40.72	42.4	4.1
# 西瓜	万吨	38.76	40.39	4.2
三、茶叶产量	万吨	3.14	3.42	8.9
# 绿毛茶	万吨	2.34	2.68	14.5

附表 2-9　牧业、渔业生产情况

指　　标	计量单位	2012 年	2013 年	增减(%)
一、主要畜产品出栏				
肉　猪	万头	2050.76	2104.46	2.6
肉　牛	万头	54.93	59.04	7.5
肉　羊	万只	212.37	227.43	7.1
家　禽	万只	22222.59	23161.24	4.2
兔	万只	4116.42	4481.77	8.9
二、主要畜产品产量				
1、肉类产量	万吨	201.21	207.85	3.3
# 猪	万吨	150.73	154.95	2.8
牛	万吨	7.05	7.62	8.1
羊	万吨	2.79	2.99	7.2
禽	万吨	34.75	35.78	3.0
2、牛奶产量	万吨	7.73	6.8	-12.0
3、禽蛋产量	万吨	40.05	41.09	2.6
# 鸡　蛋	万吨	21.00	21.40	1.9
4、蚕茧产量	万吨	2.06	1.82	-11.7
5、蜂蜜产量	万吨	1.38	1.57	13.8

续附表 2-9

指　　标	计量单位	2012 年	2013 年	增减(%)
三、主要畜产品年末存栏数				
生　猪	万头	1524.31	1502.25	-1.4
# 能繁母猪	万头	148.87	149.51	0.4
牛	万头	130.51	136.66	4.7
# 奶　牛	万头	2.26	2.03	-10.2
役用牛	万头	42.87	41.32	-3.6
羊	万只	181.15	185.23	2.3
家　禽	万只	12577.67	12921.58	2.7
# 蛋　鸡	万只	2189.23	2275.37	3.9
兔	万只	1614.84	1716.83	6.3
四、渔业生产情况				
水产品产量	万吨	33.07	38.5	16.4
1、捕捞产量	万吨	1.49	1.48	-0.7
2、养殖产量	万吨	31.58	37.02	17.2
# 鱼类	万吨	31.42	36.76	17.0
养殖面积	万亩	126.51	132.06	4.4
# 池　塘	万亩	71.72	76.54	6.7
水　库	万亩	41.97	42.83	2.0
河　沟	万亩	11.87	11.73	-1.2
附：稻田养鱼面积	万亩	60.09	61.45	2.3

附表 2-10　林业生产情况

指　　标	计量单位	2012 年	2013 年	增减(%)
一、营林情况				
1、荒山荒（沙）地造林面积	万亩	300.75	341.82	13.7
按造林用途分				
# 用材林	万亩	62.05	91.02	46.7
经济林	万亩	47.50	42.91	-9.7
防护林	万亩	185.57	200.19	7.9
2、无林地封山育林面积	万亩	91.20	112.57	23.4
3、中幼林抚育作业面积	万亩	117.91	200.09	69.7
二、主要林产品产量				
油桐籽	吨	13191	13412	1.7
油茶籽	吨	1168	4520	287.0
竹笋片	吨	27693	38796	40.1
核　桃	吨	15918	12215	-23.3
板　栗	吨	19401	17816	-8.2
三、竹木采伐				
1、木　材	万米^3	30.1	30	-0.3
2、竹　材	万根	434.0	503	15.9
附：森林覆盖率	%	42.1	42.1	0.0

附表 2-11　农村居民基本情况

指　　标	计量单位	2012 年	2013 年	增减(%)
一、农村居民家庭常住人口	人 / 户	3.8	3.5	-7.7
劳动力人数	人 / 户	2.8	2.6	-7.6
劳动力负担人口	人 / 劳动力	1.4	1.4	0.1
二、每百劳动力中:				
文盲或半文盲	人	4.4	3.5	-19.1
小学程度人数	人	31.2	32.5	4.2
初中程度人数	人	52.0	52.4	0.7
高中程度人数	人	8.5	9.2	8.5
大专及以上人数	人	1.9	2.4	23.4
三、人均住房面积	米 ^{2}/ 人	41.0	41.6	1.4
新建（购）住房面积	米 ^{2}/ 人	0.3	0.4	30.1
四、农村低收入人口比例	%	6.8	6.0	-11.8

附表 2-12　农村居民家庭人均收入情况

指　　标	计量单位	2012 年	2013 年	增减(%)
农村居民家庭人均纯收入	元	7383.27	8332.0	12.8
按构成分:				
一、工资性收入	元	3400.77	4089.2	20.2
二、家庭经营纯收入	元	2975.31	3136.5	5.4
1、一产业纯收入	元	2503.15	2507.2	0.2
# 农业收入	元	1641.57	1722.0	4.9
牧业收入	元	765.69	731.4	-4.5
2、二产业纯收入	元	30.92	93.1	201.0
3、三产业纯收入	元	441.23	536.2	21.5
三、财产性收入	元	175.56	234.7	33.7
四、转移性收入	元	831.63	871.7	4.8
按类别分:				
一、现金纯收入	元	6369.80	7234.5	13.6
二、实物纯收入	元	1013.47	1097.5	8.3

附表 2-13　农村居民家庭人均支出情况

指　　标	计量单位	2012 年	2013 年	增减(%)
农村居民家庭人均总支出	元	7942.15	8211.19	3.4
一、家庭经营费用支出	元	1740.66	1814.83	4.3
1、第一产业支出	元	1412.79	1478.69	4.7
# 农业生产费用支出	元	456.60	492.19	7.8
牧业生产费用支出	元	895.30	922.46	3.0
2、第二产业支出	元	51.22	66.59	30.0
3、第三产业支出	元	276.65	269.55	-2.6
二、购置生产性固定资产支出	元	67.12	77.86	16.0
三、税费支出	元	5.98	0.01	-99.9
四、生活消费支出	元	5018.64	5796.36	15.5
食　品	元	2216.15	2538.99	14.6
衣　着	元	380.18	410.96	8.1
居　住	元	557.02	674.44	21.1
家庭设备、用品	元	413.54	474.28	14.7
交通和通讯	元	489.31	581.78	18.9
文化教育、娱乐	元	394.23	443.30	12.4
医疗保健	元	482.24	535.88	11.1
其他商品和服务	元	85.98	136.73	59.0
五、财产性支出	元	6.24	2.00	-68.0
六、转移性支出	元	1103.51	514.65	-53.4
附：恩格尔系数	%	44.16	43.80	-0.8

附表 2-14 农民家庭主要产品消费情况和耐用商品拥有量

指　标	计量单位	2012 年	2013 年	增减(%)
一、农民家庭主要产品消费				
粮　食(原粮)	千克/人	159.8	162.1	1.4
蔬　菜	千克/人	125.4	98.5	-21.4
动植物油	千克/人	7.5	9.3	24.2
肉　类	千克/人	28.6	33.8	18.2
#猪　肉	千克/人	22.9	26.1	14.0
蛋　类	千克/人	5.2	6.9	33.4
水产品	千克/人	3.6	4.9	36.9
二、农民家庭耐用商品拥有量				
彩色电视机	台/百户	107.8	107.9	0.1
移动电话	部/百户	187.2	189.8	1.4
洗衣机	辆/百户	63.2	62.7	-0.8
热水器	台/百户	39.7	43.3	9.1
电冰箱	台/百户	78.3	83.2	6.3
摩托车	辆/百户	38.4	30.8	-20.0

附表 2-15　五大功能区农村住户主要指标

指标	计量单位	都市功能核心区	都市功能拓展区	城市发展新区	渝东北生态涵养发展区	渝东南生态保护发展区
一、农村居民家庭常住人口	（人/户）	3.22	3.0	3.40	3.61	3.84
劳动力人数	（人/户）	2.39	2.2	2.54	2.62	2.61
劳动力负担人口	（人/劳动力）	1.35	1.4	1.34	1.38	1.47
二、每百劳动力中：						
文盲或半文盲	人	1.72	3.2	3.19	5.07	4.59
小学程度人数	人	18.60	28.6	36.51	39.26	35.37
初中程度人数	人	55.96	50.2	50.08	46.10	51.56
高中程度人数	人	17.11	14.4	8.40	7.38	7.05
大专及以上人数	人	6.61	3.6	1.83	2.19	1.42
三、农村居民人均总收入	元	14129.50	12689.2	13125.90	10187.70	9711.9
# 工资性收入	元	8640.00	6227.7	5447.40	3795.10	2450.8
家庭经营收入	元	2841.40	4789.4	5922.60	4987.50	6073.6
农村居民人均纯收入	元	13362.90	10739.4	10432.00	7781.80	6944.5
# 工资性收入	元	8640.00	6227.7	5447.40	3795.10	2450.8
家庭经营收入	元	2093.80	3120.5	3676.50	3082.00	3489.6
农村居民人均现金收入	元	13781.80	11458.5	11326.30	8675.30	7646.2
# 工资性收入	元	8605.20	6207.7	5414.40	3790.10	2445.1
家庭经营收入	元	2553.80	3587.6	4164.30	3486.10	4021.9

续附表 2-15

指　　标	计量单位	都市功能核心区	都市功能拓展区	城市发展新区	渝东北生态涵养发展区	渝东南生态保护发展区
四、农村居民人均现金支出	元	10431.93	8842.0	8261.51	7044.12	7081.7
# 生活消费支出	元	9223.12	6486.2	5954.88	4980.46	4629.9
五、农村居民人均生活消费支出	元	9476.37	7129.2	6939.35	5746.53	5640.3
# 食品支出	元	3788.65	3185.7	3051.00	2547.05	2518.9
医疗保健支出	元	1178.49	610.6	575.12	564.38	385.2
交通和通讯支出	元	841.04	622.8	667.67	572.09	597.0
六、农村居民人均消费粮食	千克	116.90	158.2	185.70	168.39	173.9
农村居民人均消费蔬菜	千克	112.44	113.5	120.88	90.68	144.6
农村居民人均消费水果	千克	12.69	7.8	10.56	8.16	10.9
农村居民人均消费猪肉	千克	30.58	29.4	31.59	31.18	25.3
农村居民人均消费禽蛋	千克	6.30	6.8	8.94	6.65	6.1
农村居民人均消费水产品	千克	11.67	6.8	6.49	3.89	2.8
七、每百户农村居民拥有电冰箱	台	97.47	73.5	81.13	74.62	64.6
每百户农村居民拥有电视机	台	138.44	103.0	106.40	99.03	98.2
每百户农村居民拥有电话	部	27.74	19.2	31.96	36.77	21.4
每百户农村居民拥有移动电话	部	231.06	174.4	178.11	166.28	189.6
每百户农村居民拥有热水器	台	63.09	29.9	40.14	34.59	29.6

附表 3-1　农村基本情况

指　　标	乡镇个数（个）	村委会个数（个）	自来水受益村数（个）	通汽车村数（个）	通电话村数（个）
都市功能核心区	37	317	313	317	317
大渡口区	3	32	32	32	32
江北区	3	40	40	40	40
沙坪坝	12	86	82	86	86
九龙坡区	11	100	100	100	100
南岸区	8	59	59	59	59
都市功能拓展区	51	528	488	526	528
北碚区	12	118	117	118	118
渝北区	17	212	189	212	212
巴南区	22	198	182	196	198
城市发展新区	294	2796	2042	2796	2796
涪陵区	25	315	248	315	315
綦江区	28	365	327	365	365
其中：万盛经开区	8	57	55	57	57
大足区	26	209	128	209	209
长寿区	18	223	182	223	223
江津区	24	180	180	180	180
合川区	30	327	241	327	327
永川区	23	208	136	208	208
南川区	34	185	138	185	185
潼南县	22	281	71	281	281
铜梁县	28	269	184	269	269
荣昌县	21	92	85	92	92
璧山县	15	142	122	142	142

续附表 3-1

指　　标	乡镇个数（个）	村委会个数（个）	自来水受益村数（个）	通汽车村数（个）	通电话村数（个）
渝东北生态涵养发展区	345	3513	2634	3508	3513
万州区	51	448	351	448	448
梁平县	32	310	273	310	310
城口县	25	176	140	175	176
丰都县	30	277	233	277	277
垫江县	24	235	233	235	235
忠县	27	312	258	308	312
开县	33	434	412	434	434
云阳县	38	393	245	393	393
奉节县	29	332	147	332	332
巫山县	24	307	95	307	307
巫溪县	32	289	247	289	289
渝东南生态保护区	189	1274	969	1274	1274
黔江区	30	156	128	156	156
武隆县	25	186	111	186	186
石柱县	31	213	175	213	213
秀山县	26	208	125	208	208
酉阳县	38	270	226	270	270
彭水县	39	241	204	241	241

附表 3-2　乡村人口及从业人员情况

指　　标	乡村人口（人）	乡村劳动力资源（人）	乡村从业人员（人）	一产业从业人员（人）
都市功能核心区	716230	327806	284692	85286
大渡口区	29135	20168	19530	7443
江北区	30127	18660	12815	5600
沙坪坝	137058	79955	69398	17165
九龙坡区	214814	150122	126685	38171
南岸区	305096	58901	56264	16907
都市功能拓展区	1309615	872077	837204	304695
北碚区	312805	210218	200786	57693
渝北区	432076	296406	284128	122058
巴南区	564734	365453	352290	124944
城市发展新区	8886525	5972113	5373094	2114216
涪陵区	809448	567081	534582	221071
綦江区	884820	504511	478675	164435
其中：万盛经开区	117855	78812	76757	17896
大足区	762158	489007	249905	107262
长寿区	650402	410323	312400	132066
江津区	1112886	700690	685292	262440
合川区	1073436	761564	746998	336220
永川区	734854	513960	373885	126523
南川区	505428	331600	333832	117030
潼南县	792767	506714	485011	226882
铜梁县	622817	425116	409959	138371
荣昌县	478589	426068	418330	173920
璧山县	458920	335479	344225	107996

续附表 3-2

指　标	乡村人口（人）	乡村劳动力资源（人）	乡村从业人员（人）	一产业从业人员（人）
渝东北生态涵养发展区	8721806	5232346	4869110	2055842
万州区	1219155	801645	713451	317124
梁平县	839465	546075	492387	201583
城口县	222775	110982	107886	48256
丰都县	656892	424298	367908	186706
垫江县	744813	506406	506303	209802
忠县	759973	448049	421315	160685
开县	1401072	868031	797397	298258
云阳县	975290	486952	461253	201325
奉节县	906487	451933	443683	179003
巫山县	527254	309361	293911	137247
巫溪县	468630	278614	263616	115853
渝东南生态保护区	3043094	2028858	1923769	1076860
黔江区	460312	283419	281618	136718
武隆县	374724	243388	231127	118863
石柱县	414648	271954	263301	186367
秀山县	435790	357361	343285	150263
酉阳县	777320	476866	451375	301648
彭水县	580300	395870	353063	183001

附表 3-3　农业生产条件

指　　标	农作物总播种面积（亩）	农用化肥施用量（吨）	农用塑料薄膜使用量（吨）	地膜覆盖面积（亩）	农药使用量（吨）
都市功能核心区	12341	298	9	979	7
大渡口区	37300	1997	34	2565	25
江北区	33695	1151	32	3645	6
沙坪坝	124171	3344	67	6375	40
九龙坡区	201358	2457	167	21045	157
南岸区	53126	1925	26	2040	12
都市功能拓展区	3270137	49517	1937	165341	824
北碚区	503868	8915	716	37785	252
渝北区	926783	14344	145	39165	101
巴南区	1402177	15682	759	53700	238
城市发展新区	21005614	408495	18341	1757865	8532
涪陵区	2666694	41955	2741	110355	1405
綦江区	1908654	39427	669	133365	431
其中：万盛经开区	313224	9589	136	8190	105
大足区	1594945	28020	563	109950	580
长寿区	1348994	22023	869	76890	379
江津区	2280154	48168	2982	115200	1130
合川区	2557893	30856	679	200160	609
永川区	1563204	73000	4578	170400	2122
南川区	1571962	34075	480	56835	390
潼南县	2135586	32462	1200	345000	377
铜梁县	1316549	33109	1085	165705	417
荣昌县	1254981	14639	1351	90735	551
璧山县	805998	10761	1144	183270	141

续附表 3-3

指　　标	农作物总播种面积（亩）	农用化肥施用量（吨）	农用塑料薄膜使用量（吨）	地膜覆盖面积（亩）	农药使用量（吨）
渝东北生态涵养发展区	19011940	346674	14903	979965	6611
万州区	2633584	40018	1736	173805	986
梁平县	1508981	47208	5102	204015	1147
城口县	856978	5687	80	4935	27
丰都县	1687868	25799	819	59340	294
垫江县	1317094	35607	870	68475	1248
忠县	1619882	33863	925	80115	667
开县	2626716	57428	1272	77955	731
云阳县	1987986	25723	1435	108225	512
奉节县	2022286	28567	1881	86640	711
巫山县	1382885	19791	427	59835	151
巫溪县	1367680	26983	356	56625	137
渝东南生态保护区	9442113	161451	7670	553575	2380
黔江区	1341986	23626	594	108000	67
武隆县	1293919	17744	611	140580	309
石柱县	1367223	24516	1056	8580	620
秀山县	1576412	27500	771	99705	687
酉阳县	2029125	25350	1501	102630	279
彭水县	1833448	42715	3137	94080	418

附表 3-4　农业产值

指　标	农林牧渔业总产值（当年价）（万元）			
	合　计	农　业	林　业	牧　业
都市功能核心区	8521	5767	227	1409
大渡口区	26651	19830	1806	2615
江北区	18074	5683	2784	7339
沙坪坝	85162	55310	931	9804
九龙坡区	137327	95438	2334	31252
南岸区	73609	54401	1218	5367
都市功能拓展区	1512843	1017701	30829	338390
北碚区	200953	161281	2089	23735
渝北区	378394	228869	11523	115653
巴南区	601195	402657	8371	144035
城市发展新区	7122394	4301050	181481	2266224
涪陵区	673653	426155	25393	177992
綦江区	666929	437915	22601	184620
其中：万盛经开区	107904	62108	15642	25432
大足区	504465	304417	19015	154153
长寿区	492884	255861	7418	183381
江津区	965344	640524	13985	278009
合川区	815222	532703	17737	213962
永川区	623040	309824	13357	257393
南川区	492865	282422	18286	171795
潼南县	588320	425650	18728	123599
铜梁县	469325	226015	7197	204526
荣昌县	557498	327448	14500	194114
璧山县	272849	132117	3263	122680

续附表 3-4

指　标	农林牧渔业总产值（当年价）（万元）			
	合　计	农　业	林　业	牧　业
渝东北生态涵养发展区	4781206	2836349	183342	1561857
万州区	760381	494083	28379	193208
梁平县	459484	275345	14470	149922
城口县	98789	42975	8181	45662
丰都县	359942	179924	18762	144089
垫江县	461366	263543	8618	157040
忠县	456772	287783	11362	146949
开县	692698	412994	19542	225801
云阳县	521548	324688	21126	160814
奉节县	495988	328728	7276	144791
巫山县	268748	131332	24741	107972
巫溪县	205490	94956	20885	85607
渝东南生态保护区	1712411	930897	84292	660162
黔江区	261033	117225	14144	124185
武隆县	252558	163421	8154	74307
石柱县	303326	155609	9894	130721
秀山县	256899	151643	12317	83083
酉阳县	332915	167486	23676	137027
彭水县	305679	175513	16107	110840

续附表 3-4

指　　标	农林牧渔业总产值（当年价）(万元)		农林牧渔业增加值（万元）	农产品商品率 (%)
	渔　业	服务业		
都市功能核心区	625	493	5957	2.0
大渡口区	936	1464	18134	89.6
江北区	1370	898	12598	68.1
沙坪坝	6592	12525	61658	72.0
九龙坡区	4524	3780	96506	86.4
南岸区	11573	1050	49394	78.6
都市功能拓展区	76659	49264	1028973	138.5
北碚区	9968	3880	137498	63.8
渝北区	9181	13168	247610	49.6
巴南区	33139	12993	411533	64.8
城市发展新区	300997	72642	4865328	67.1
涪陵区	32858	11254	455268	66.4
綦江区	16770	5024	447386	59.4
其中：万盛经开区	3800	922	70443	64.4
大足区	22859	4021	342672	64.7
长寿区	37363	8861	336726	63.0
江津区	26773	6052	663968	74.3
合川区	44576	6244	566942	60.9
永川区	35487	6979	423552	70.3
南川区	14290	6073	334235	67.9
潼南县	16777	3566	409027	74.9
铜梁县	25621	5966	317713	71.1
荣昌县	14698	6739	388813	60.6
璧山县	12926	1863	179026	72.8

续附表 3-4

指　　标	农林牧渔业总产值（当年价）（万元）		农林牧渔业增加值（万元）	农产品商品率(%)
	渔　业	服务业		
渝东北生态涵养发展区	139956	59702	3173564	59.8
万州区	36075	8635	518207	63.2
梁平县	14873	4875	309714	59.2
城口县	1428	544	62601	52.0
丰都县	13394	3773	246289	61.9
垫江县	21492	10673	307206	69.1
忠县	5720	4958	303983	66.4
开县	27216	7145	458468	60.7
云阳县	8493	6427	349723	56.1
奉节县	8782	6412	316124	57.3
巫山县	1086	3617	170075	42.8
巫溪县	1399	2645	131174	47.0
渝东南生态保护区	19914	17146	1093624	58.2
黔江区	2746	2733	168864	69.9
武隆县	5775	901	161263	51.2
石柱县	4876	2227	198145	59.1
秀山县	3003	6853	164818	61.3
酉阳县	2791	1935	207478	56.8
彭水县	723	2497	193057	52.2

附表 3-5 粮食播种面积 单位：亩

指 标	粮食播种面积	#水 稻	玉 米	小 麦	豆类	薯类
都市功能核心区	5443.350597	1053.713586	749.5149714	24.83767645	291.3889968	507.8278211
大渡口区	300	300	0	0	0	0
江北区	23494	8155	6898	1415	3071	3955
沙坪坝	50496	21279	17764	0	7335	4118
九龙坡区	98644	43011	20919	460	11591	22663
南岸区	25400	6800	11000	0	0	7600
都市功能拓展区	1947518.649	642614.2864	476929.485	58610.16232	273815.611	494422.1722
北碚区	223103	70008	63500	3030	30671	55894
渝北区	609998	160500	155020	24850	92727	175778
巴南区	921527	333615	202578	28880	128712	224922
城市发展新区	12788206	5338975	2261049	618842	1333420	3021001
涪陵区	1449931	496932	309734	33076	122911	486618
綦江区	1200551	404867	232415	103337	114948	307939
其中：万盛经开区	187973	56100	35712	12030	23846	56597
大足区	966619	423016	135485	100915	105620	184778
长寿区	1041065	342380	188750	65585	165015	260765
江津区	1530555	684135	314465	7395	158234	351976
合川区	1823859	676803	390025	111226	173211	465883
永川区	1029382	589293	147772	45450	108306	129323
南川区	843075	385075	114000	48000	72000	186000
潼南县	876110	374180	165070	23620	93310	201840
铜梁县	875800	408000	116800	39000	108000	194000
荣昌县	718146	326591	80268	21128	69598	176583
璧山县	433113	227703	66265	20110	42267	75296

续附表 3-5 单位：亩

指 标	粮食播种面积	#水 稻	玉 米	小 麦	豆 类	薯 类
渝东北生态涵养发展区	13259447	3164538	2785599	831185	1465275	4864018
万州区	1696067	526875	285815	96548	166430	611078
梁平县	1122555	433610	202838	79371	161439	236817
城口县	476670	13965	186574	0	38871	227142
丰都县	1130765	310800	239510	84650	105365	380090
垫江县	978676	391638	206642	82641	163841	110250
忠县	1214558	417900	154900	129370	234238	232790
开县	1896280	465000	352500	85085	143980	823000
云阳县	1499504	323658	282658	112542	116550	664096
奉节县	1377309	175200	340080	88350	112155	652059
巫山县	926962	65871	241082	51807	134202	431883
巫溪县	940101	40021	293000	20821	88204	494813
渝东南生态保护区	5807963	1182674	1476673	105338	467485	2506526
黔江区	843080	159198	201810	16560	81591	376711
武隆县	735689	102200	241850	16280	49536	323105
石柱县	837638	199699	165507	30307	83046	352145
秀山县	802968	287210	184268	1066	50277	280147
酉阳县	1330505	272967	318638	12420	129037	552538
彭水县	1258083	161400	364600	28705	73998	621880

附表 3-6　粮食产量　　　单位：吨

指　标	粮食总产量	#水　稻	玉　米	小　麦	豆　类	薯　类
都市功能核心区	741	402	206	5	36	93
大渡口区	130	130	0	0	0	0
江北区	5125	2455	1706	276	261	427
沙坪坝	13911	9607	3138	0	756	410
九龙坡区	27459	15141	6496	74	1694	4054
南岸区	9290	2990	4200	0	0	2100
都市功能拓展区	683065	309339	182060	10227	30987	149636
北碚区	69788	32684	22358	655	2930	11161
渝北区	200352	71247	59711	4528	11153	53582
巴南区	357751	175487	84657	4699	14229	77995
城市发展新区	5101994	2764019	921617	131452	207431	1022527
涪陵区	438245	208114	109788	5525	13687	101052
綦江区	424665	183994	86809	20078	14584	109370
其中：万盛经开区	51844	23921	9800	2040	2029	13354
大足区	434577	235774	51965	25222	23767	92511
长寿区	369592	183920	88653	13270	19500	61156
江津区	665997	365525	135020	1795	29504	129792
合川区	723493	338601	169103	21739	19894	172946
永川区	500216	347746	70209	10853	22491	45832
南川区	332496	185600	50700	11038	15556	61060
潼南县	376967	201000	59600	4645	13266	95410
铜梁县	351742	214610	39420	9400	15670	70420
荣昌县	309188	184177	32950	3789	12436	61988
璧山县	174816	114958	27400	4098	7076	20990

续附表 3-6 单位：吨

指　　标	粮食总产量	#水　稻	玉　米	小　麦	豆　类	薯　类
渝东北生态涵养发展区	4048156	1459257	970287	177972	169305	1240084
万州区	523565	237574	104712	22815	20240	137129
梁平县	386444	218517	77500	15219	17863	55898
城口县	100078	5879	44746	0	3991	44367
丰都县	333571	125000	83439	15100	10142	97800
垫江县	396020	201283	102989	17934	22182	47051
忠县	411649	217524	58135	31954	31020	59373
开县	597547	202300	123900	19400	17290	229330
云阳县	428088	135524	99628	25382	11813	155741
奉节县	432789	72531	134353	16198	14382	194094
巫山县	228994	26840	65471	11505	10384	114549
巫溪县	209411	16285	75414	2465	9998	104752
渝东南生态保护区	1647341	497766	506645	17344	52491	561910
黔江区	249975	65903	72080	3101	9359	98467
武隆县	168791	38998	67668	2088	4172	55419
石柱县	256365	88860	65625	6969	9583	84308
秀山县	301461	134660	70903	154	6878	88866
酉阳县	363100	106945	113869	1702	15235	117975
彭水县	307649	62400	116500	3330	7264	116875

附表 3-7　主要经济作物面积　单位：亩

指　标	油料播种面积	# 油菜籽播种面积	烟叶播种面积	蔬菜播种面积
都市功能核心区	233	233	0	7009
大渡口区	0	0	0	37000
江北区	386	332	0	8880
沙坪坝	495	87	0	66493
九龙坡区	7619	6615	0	88038
南岸区	0	0	0	27726
都市功能拓展区	64623	55046	4667	1072774
北碚区	9330	8874	0	252745
渝北区	26570	23245	547	260830
巴南区	20456	16126	4120	338071
城市发展新区	1614568	1254411	54076	5161046
涪陵区	48418	29375	15854	1088461
綦江区	72223	46733	7092	458811
其中：万盛经开区	9630	3717	780	88686
大足区	250570	180500	1135	244015
长寿区	72110	63800	1657	206377
江津区	109169	86395	2210	491187
合川区	171840	145856	1091	391594
永川区	131010	101900	0	382250
南川区	151700	131800	25037	194200
潼南县	325040	241280	0	863916
铜梁县	85686	71000	0	298005
荣昌县	156446	118876	0	244556
璧山县	40356	36896	0	297674

续附表 3-7 单位：亩

指　标	油料播种面积	# 油菜籽播种面积	烟叶播种面积	蔬菜播种面积
渝东北生态涵养发展区	1632005	1206145	270832	2581140
万州区	148144	112878	24000	630475
梁平县	120353	105913	420	235689
城口县	25355	18420	0	72608
丰都县	175992	120300	46143	258160
垫江县	138510	111130	3520	148453
忠县	210302	165252	1440	165570
开县	235005	142000	7065	255841
云阳县	130668	127025	3256	335125
奉节县	180790	130750	49740	229012
巫山县	181554	114410	80458	136507
巫溪县	85332	58067	54790	113700
渝东南生态保护区	941195	718215	410265	1403631
黔江区	154165	110080	77695	152518
武隆县	73610	56600	60075	346010
石柱县	83891	47476	45702	302955
秀山县	225940	201120	2568	205930
酉阳县	214130	158000	95725	246818
彭水县	189459	144939	128500	149400

附表 3-8　主要经济作物产量　　单位：吨

指　标	油料产量	#油菜籽产量	烟叶产量	蔬菜产量	水果产量
都市功能核心区	26	22	0	9227	13
大渡口区	0	0	0	62000	996
江北区	44	38	0	7776	1695
沙坪坝	43	9	0	81966	4396
九龙坡区	875	746	0	113998	13295
南岸区	0	0	0	34578	5956
都市功能拓展区	7105.597551	5990.235819	574	1619144.205	225850.3481
北碚区	1044	990	0	405480	21706
渝北区	2911	2456	84	374171	129166
巴南区	2215	1773	490	548402	48653
城市发展新区	214699	153408	6436	8920930	1126897
涪陵区	5891	3510	1742	1885381	121852
綦江区	8546	5659	886	710565	34965
其中：万盛经开区	1183	450	90	159200	3998
大足区	38030	22000	246	313771	51398
长寿区	9666	8360	227	296004	167083
江津区	13184	9114	485	757362	216409
合川区	20428	15328	142	646463	102010
永川区	18522	13750	0	562600	136250
南川区	20001	17750	2708	356400	62419
潼南县	40937	28058	0	1727345	60524
铜梁县	11398	9500	0	603209	31542
荣昌县	23919	16626	0	426463	29930
璧山县	4177	3753	0	635367	112515

续附表 3-8　　　　单位：吨

指　标	油料产量	# 油菜籽产量	烟叶产量	蔬菜产量	水果产量
渝东北生态涵养发展区	198166	155143	37358	3714380	1671895
万州区	17575	13641	3200	886485	318294
梁平县	14661	13109	64	422350	75675
城口县	3247	2380	0	46623	2060
丰都县	20999	15450	5413	316550	52874
垫江县	18709	15071	470	370343	62240
忠县	29371	23916	211	228592	269267
开县	28366	19090	911	388308	373800
云阳县	15591	15162	630	406351	164373
奉节县	22406	18440	7522	256108	281943
巫山县	16859	11484	12057	206710	62123
巫溪县	10382	7400	6880	185960	9246
渝东南生态保护区	111378	86482	52236	1742739	163923
黔江区	15548	11050	8286	182306	33678
武隆县	8413	6166	9085	452550	23391
石柱县	10344	6680	5676	307465	14734
秀山县	29692	26232	348	259400	66661
酉阳县	25979	19600	13781	261518	18178
彭水县	21402	16754	15060	279500	7281

附表 3-9　畜牧业生产情况

指　标	肉类总产量（吨）	#猪　肉（吨）	生猪出栏（头）	家禽出栏（只）	禽蛋产量（吨）
都市功能核心区	9857	6753	91833	1834400	2025
大渡口区	1043	780	10585	143888	194
江北区	1181	782	10657	224940	235
沙坪坝	1533	1145	15550	221953	222
九龙坡区	5101	3137	42650	1192508	1034
南岸区	999	909	12391	51111	340
都市功能拓展区	97876	69574	944343	14961308	29354
北碚区	9449	7553	102654	1097116	2622
渝北区	37874	21647	294071	7952892	7461
巴南区	50553	40374	547618	5911300	19271
城市发展新区	945940	668791	9085576	149756445	216363
涪陵区	74341	59857	814119	7255197	11105
綦江区	71292	58758	797694	5323168	15279
其中：万盛经开区	7044	5797	78558	731006	2401
大足区	63625	50282	683556	7888416	10680
长寿区	68008	49830	677690	10299210	44922
江津区	97078	75256	1019997	11041810	23671
合川区	94624	77859	1060293	9168230	21680
永川区	110637	65943	897319	21544715	14430
南川区	67862	50635	686642	9419594	8462
潼南县	61260	55152	747689	3049615	12482
铜梁县	89943	49020	665812	23950317	36354
荣昌县	73471	55201	750397	9605625	9627
璧山县	73799	20998	284368	31210548	7671

续附表 3-9

指　　标	肉类总产量（吨）	#猪　肉（吨）	生猪出栏（头）	家禽出栏（只）	禽蛋产量（吨）
渝东北生态涵养发展区	717168	559083	7591861	53138918	139642
万州区	78582	66754	907246	5763395	9940
梁平县	74285	53921	733142	11845207	8687
城口县	24966	17048	231974	3995222	4580
丰都县	60821	35801	486793	6069285	21846
垫江县	68537	58573	795510	5093792	19021
忠县	68857	51563	699187	4099320	22837
开县	104536	77662	1053785	5467527	13455
云阳县	79498	62839	852681	2848731	22428
奉节县	63770	55231	749179	2479749	8715
巫山县	44155	38232	519871	2031617	5040
巫溪县	49161	41459	562493	3445073	3093
渝东南生态保护区	307681	245302	3330970	11921312	23514
黔江区	65789	58949	800850	955483	1924
武隆县	42018	35107	476797	1044160	2731
石柱县	39663	26721	363046	1916204	3189
秀山县	43608	34121	463344	3927670	4220
酉阳县	63931	48823	663153	2335308	3840
彭水县	52672	41581	563780	1742487	7610

附表 3-10　农村居民收入及贫困发生情况

指　标	农民人均纯收入(元)	工资性收入(元)	家庭经营收入(元)	财产收入(元)	转移收入(元)	农村低收入人口比例(%)
都市功能核心区	13363	8731.04	2093.77	1278.06	1260.00	1.4
大渡口区	13220	9478	1542	1126	1075	1.4
江北区	13335	7603	3287	969	1476	1.4
沙坪坝	13135	9443	1014	1316	1361	1.4
九龙坡区	13145	8380	2414	1385	966	1.4
南岸区	14016	7341	3746	1276	1654	1.4
都市功能拓展区	10739	6243.37	3120.45	478.39	897.19	1.4
北碚区	11240	7381	2173	568	1118	1.5
渝北区	10575	6225	3200	514	636	1.0
巴南区	10600	5585	3582	398	1036	1.7
城市发展新区	10432	5447.38	3676.47	352.38	955.79	2.9
涪陵区	8998	4028	3635	346	990	4.7
綦江区	9631	6277	2332	144	878	4.8
大足区	10440	5197	3766	572	905	2.5
长寿区	10120	4719	3740	484	1178	2.0
江津区	11279	5468	4620	385	806	1.8
合川区	10970	5790	3365	356	1459	1.6
永川区	11313	7305	2603	268	1138	1.5
南川区	9384	5065	3492	151	676	5.3
潼南县	9508	4382	4122	176	829	5.0
铜梁县	11331	5734	4106	506	985	2.0
荣昌县	10849	4736	4829	439	845	2.4
璧山县	11618	6264	3754	431	1168	1.3

续附表 3-10

指　　标	农民人均纯收入(元)	工资性收入(元)	家庭经营收入(元)	财产收入(元)	转移收入(元)	农村低收入人口比例(%)
渝东北生态涵养发展区	7782	3685.07	3082.82	187.90	826.02	8.1
万州区	8618	3912	3276	295	1136	7.4
梁平县	8999	5005	2759	281	954	3.4
城口县	5843	3255	2025	143	420	14.3
丰都县	7861	3540	3397	188	736	6.6
垫江县	9234	4624	3558	282	769	2.4
忠县	8849	3603	4085	101	1060	7.0
开县	8238	4239	3070	102	827	6.5
云阳县	7236	3612	2596	272	756	11.4
奉节县	6746	3320	2587	162	678	11.5
巫山县	6265	1960	3621	35	649	11.6
巫溪县	5826	2908	2349	59	510	15.5
渝东南生态保护区	6945	2617.82	3489.56	173.56	663.58	11.3
黔江区	7060	2667	3744	108	542	8.3
武隆县	7633	2438	4109	166	920	10.6
石柱县	7765	2789	3428	429	1119	10.1
秀山县	6647	2447	3444	1	754	11.3
酉阳县	5832	2166	3004	151	512	13.3
彭水县	6723	2453	3667	229	375	12.5

附表 4-1　地区生产总值

各省市地名	地区生产总值（亿元）		地区生产总值指数	
	绝对数	位次	上年 =100	位次
全　国	568845		7.7	
东部地区				
北　京	19500.56	13	107.7	30
天　津	14370.16	19	112.5	1
河　北	28301.41	6	108.2	27
辽　宁	27077.65	7	108.7	24
上　海	21602.12	12	107.7	30
江　苏	59161.75	2	109.6	19
浙　江	37568.49	4	108.2	27
福　建	21759.64	11	111.0	6
山　东	54684.33	3	109.6	19
广　东	62163.97	1	108.5	25
海　南	3146.46	28	109.9	17
中部地区				
山　西	12602.24	23	108.9	23
吉　林	12981.46	21	108.3	26
黑龙江	14382.93	17	108.0	29
安　徽	19038.87	14	110.4	11

续附表 4-1

各省市地名	地区生产总值（亿元）		地区生产总值指数	
	绝对数	位次	上年 =100	位次
江　西	14338.50	20	110.1	13
河　南	32155.86	5	109.0	21
湖　北	24668.49	9	110.1	13
湖　南	24501.67	10	110.1	13
西部地区				
重　庆	12656.69	22	112.3	3
四　川	26260.77	8	110.0	16
贵　州	8006.79	26	112.5	1
云　南	11720.91	24	112.1	4
西　藏	807.67	31	112.1	4
陕　西	16045.21	16	111.0	6
甘　肃	6268.01	27	110.8	9
青　海	2101.05	30	110.8	9
宁　夏	2565.06	29	109.8	18
新　疆	8360.24	25	111.0	6
内蒙古	16832.38	15	109.0	21
广　西	14378.00	18	110.2	12

注：分省的地区生产总值为快报数。

附表 4-2　地区生产总值构成

各省市地名	第一产业增加值（亿元）	第二产业增加值（亿元）	第三产业增加值（亿元）	地区生产总值指数		
				第一产业	第二产业	第三产业
全 国	56957	249684	262204	10.0	43.9	46.1
东部地区						
北 京	161.83	4352.30	14986.43	0.8	22.3	76.9
天 津	188.45	7276.68	6905.03	1.3	50.6	48.1
河 北	3500.42	14762.10	10038.89	12.4	52.2	35.5
辽 宁	2321.63	14269.46	10486.56	8.6	52.7	38.7
上 海	129.28	8027.77	13445.07	0.6	37.2	62.2
江 苏	3646.08	29094.03	26421.64	6.2	49.2	44.7
浙 江	1784.62	18446.65	17337.22	4.8	49.1	46.1
福 建	1936.31	11315.30	8508.03	8.9	52.0	39.1
山 东	4742.63	27422.47	22519.23	8.7	50.1	41.2
广 东	3047.51	29427.49	29688.97	4.9	47.3	47.8
海 南	756.47	871.29	1518.70	24.0	27.7	48.3
中部地区						
山 西	773.81	6792.68	5035.75	6.1	53.9	40.0
吉 林	1509.34	6858.23	4613.89	11.6	52.8	35.5
黑龙江	2516.79	5918.22	5947.92	17.5	41.1	41.4
安 徽	2348.09	10403.96	6286.82	12.3	54.6	33.0

续附表 4-2

各省市地名	第一产业增加值（亿元）	第二产业增加值（亿元）	第三产业增加值（亿元）	地区生产总值指数		
				第一产业	第二产业	第三产业
江　西	1636.49	7671.38	5030.63	11.4	53.5	35.1
河　南	4058.98	17806.39	10290.49	12.6	55.4	32.0
湖　北	3098.16	12171.56	9398.77	12.6	49.3	38.1
湖　南	3099.23	11517.35	9885.09	12.6	47.0	40.3
西部地区						
重　庆	1002.68	6397.92	5256.09	7.9	50.5	41.5
四　川	3425.61	13579.03	9256.13	13.0	51.7	35.2
贵　州	1029.05	3243.70	3734.04	12.9	40.5	46.6
云　南	1895.34	4927.82	4897.75	16.2	42.0	41.8
西　藏	86.82	292.92	427.93	10.7	36.3	53.0
陕　西	1526.05	8911.64	5607.52	9.5	55.5	34.9
甘　肃	879.37	2821.04	2567.60	14.0	45.0	41.0
青　海	207.59	1204.31	689.15	9.9	57.3	32.8
宁　夏	222.98	1264.96	1077.12	8.7	49.3	42.0
新　疆	1468.29	3765.97	3125.98	17.6	45.0	37.4
内蒙古	1599.41	9084.19	6148.78	9.5	54.0	36.5
广　西	2343.57	6863.04	5171.39	16.3	47.7	36.0

注：分省的地区生产总值为快报数。

附表 4-3　城乡居民收支

各省市地名	城镇居民人均可支配收入（元）		农村居民人均纯收入（元）		城乡居民收入水平比
	绝对数	位次	绝对数	位次	农村居民 =1
全　国					
东部地区					
北　京	40321	2	18337	2	2.2
天　津	32294	6	15841	4	2.0
河　北	22580	19	9102	12	2.5
辽　宁	25578	9	10523	9	2.4
上　海	43851	1	19595	1	2.2
江　苏	32538	5	13598	5	2.4
浙　江	37851	3	16106	3	2.4
福　建	30816	7	11184	7	2.8
山　东	28264	8	10620	8	2.7
广　东	33090	4	11669	6	2.8
海　南	22929	16	8343	18	2.7
中部地区					
山　西	22456	20	7154	23	3.1
吉　林	22275	23	9621	11	2.3
黑龙江	19597	29	9634	10	2.0
安　徽	23114	15	8098	20	2.9

续附表 4-3

各省市地名	城镇居民人均可支配收入（元）		农村居民人均纯收入（元）		城乡居民收入水平比
	绝对数	位次	绝对数	位次	农村居民 =1
江　西	21873	24	8781	14	2.5
河　南	22398	21	8475	16	2.6
湖　北	22906	17	8867	13	2.6
湖　南	23414	12	8372	17	2.8
西部地区					
重　庆	25216	11	8332	19	3.0
四　川	22368	22	7895	21	2.8
贵　州	20667	26	5434	30	3.8
云　南	23236	14	6141	29	3.8
西　藏	20023	27	6578	26	3.0
陕　西	22858	18	6503	27	3.5
甘　肃	18965	31	5108	31	3.7
青　海	19499	30	6196	28	3.1
宁　夏	21833	25	6931	24	3.2
新　疆	19874	28	7296	22	2.7
内蒙古	25497	10	8596	15	3.0
广　西	23305	13	6791	25	3.4